DUMONT
杜蒙·阅途

东京人情味小吃

挑剔老饕的
美食之选 + 李　芷　姗　著
墨刻编辑部

北京出版集团公司
北京出版社

图书在版编目（CIP）数据

东京人情味小吃 / 李芷姗，墨刻编辑部著. — 北京：北京出版社，2017. 3

ISBN 978-7-200-12854-3

Ⅰ. ①东… Ⅱ. ①李… ②墨… Ⅲ. ①风味小吃—介绍—东京 Ⅳ. ① TS972. 143. 13

中国版本图书馆 CIP 数据核字（2017）第 042288 号

东京人情味小吃

DONGJING RENQINGWEI XIAOCHI

李芷姗 墨刻编辑部 著

*

北 京 出 版 集 团 公 司
北 京 出 版 社 出版

（北京北三环中路 6 号）

邮政编码：100120

网 址：www.bph.com.cn

北 京 出 版 集 团 公 司 总 发 行
新 华 书 店 经 销
北 京 天 颖 印 刷 有 限 公 司 印刷

*

889 毫米 ×1194 毫米 32 开本 7 印张 285 千字
2017 年 3 月第 1 版 2017 年 3 月第 1 次印刷
ISBN 978-7-200-12854-3

定价：45.00 元

如有印装质量问题，由本社负责调换
质量监督电话：010-58572393

序

让东京更有味道的旅程……

主编／李芷姗

提起东京，你会想到什么？新宿街道的车水马龙，蓝天下的巍峨晴空塔，还是人声杂沓的浅草仲见世通？对我而言，东京的风景总少不了美食，竹下通是可丽饼的香甜滋味，浅草有着鳗鱼饭和人形烧的迷人气息，筑地是新鲜弹牙的海鲜大餐，而吉祥寺则蕴藏着手冲咖啡和松饼的馨香。味觉让东京变得立体丰满，一道好菜触动感官，让陌生的城市更有滋有味。

在东京寿司店，常会看到"一握入魂"的匾额，大厨们燃烧职人魂，将灵魂寄托在菜肴之中。荞麦面师傅的家中摆满石磨，只为了研磨出朝思暮想的完美荞麦粉。意式料理的大厨把花园当农场，传达蔬果的原汁原味。烧肉店料理长如同检视珠宝般鉴定牛肉，为每一块肉设计最完美柔嫩的切工。餐桌上的佳肴，是职人汗水与泪水的结晶，东京能够成为世界上米其林三星餐厅最多的城市，自然有其独到之处。

想要认识东京的美食风景，既容易也不简单，因为大街小巷到处是引人注目的餐厅招牌，随时都能找个地方坐下来饱餐一顿。不过若要挑选留住记忆的餐厅，往往得费心找寻、不远千里，经常遇到的状况：陷入漫漫人龙中排队等候。

采访东京无数次，深知旅人的期盼与烦恼，这次我们摊开地图，在不影响行程的前提下，介绍上百家人气观光区必尝的餐厅美食。能入选的餐厅都是经过精挑细选，让旅人能够达到边玩边吃、美味散步的目的。不过在东京采访久了，难免也有自己的口袋名单，特别推荐的"极味之选"是让编辑部念念不忘甚至感动到痛哭流涕的好餐厅，而"情绪咖啡馆"则是想要沉淀心灵、品味空间时，不欲为外人知晓的私房去处。

从旅人的角度来看，本书是呕心沥血的东京美食旅行之集大成。用味蕾感受江户文化，透过料理和日本人交心，繁忙大都会中有着精彩无比的美食风景，值得放任感官驰骋，快意感受东京里滋味。

目录

215 情绪咖啡馆

东京寻味攻略

找味道，需要门路：

蔓延在大街小巷的流行食尚，聪明旅人才知道的寻味秘诀，

你可愿意当个精打细算的美食猎人，

走上这场疯狂却美丽的饮膳之旅？

午餐决胜负

美食家的一日之计在午餐，花小钱即可打开米其林餐厅大门，遍尝老铺美味，在东京，人人都是午餐的国王。

米其林餐厅千元摘星

米其林星级餐厅向来要价不菲，不过为了吸引顾客，一些餐厅平日推出千元左右的特价午餐，预算有限的旅人也有机会轻松摘星。像是米其林一星的新宿割烹中嶋（详见P175），晚间至少万元起跳，但中午却推出800日元的超值定食。政商名流聚集的一星高级料亭一二岐，午间烧物套餐1300日元，简直比连锁餐厅还便宜。新科一星餐厅LE BOURGUIGNON（详见P81）午餐预算较高，约2500日元起，却能品尝包括前菜、主餐等三道式套餐。

老铺日式料亭也不落人后，提供牛肉给日本皇室的よしはし，是东京唯一获得米其林荣耀的寿喜烧名店，午间招牌的牛锅定食以2000日元供应！一星在手的银座うち山，使用极品高汤制作成的鲷鱼茶泡饭套餐1500日元，让想一窥顶级和食奥秘的顾客大呼过瘾。此外松茸与和牛的专卖店赤坂松叶屋，虽然没得星，但午间套餐松叶屋御膳1300日元起，附带松茸饭吃到饱，也是相当公道的价格。

五星饭店景观餐厅2000元奢华自助餐

高档五星级饭店为招徕顾客，在午餐时段杀红眼，晚间至少万元起跳的景观餐厅推出无限量自助餐，让精打细算的顾客们纷至沓来。

靠近东京迪士尼的Oriental Hotel tokyo bay由于位置较偏远，干脆从日式、西式到中式料理餐厅都推出午餐2381日元自助餐，优美海景与美味料理无限量供应。ROYAL PARK HOTEL SHIODOME从汐留欣赏东京摩天楼的繁华街景，餐厅HARMONY午间自助餐包括鹅肝炖饭等豪华季节美食，2500日元，加上税金也不到3000日元。

更高档次的选择还有台场饭店的法式餐厅Star Road（详见P32），东京湾海景与主题欧式美馔相伴，平日中午吃到饱的自助餐只要4070日元。丽池卡尔登景观餐厅TOWERS GRILL坐拥欣赏东京铁塔最美的景致，午间以沙拉、甜点吧搭配主餐的形式供应，3900日元起。Hotel New Otani新大谷饭店360度回转餐厅VIEW & DINING THE Sky，包含铁板烧等豪华自助餐5000日元，无论景观、气氛与服务都是一流水平。

女性限定　午间享乐专案

一些餐厅会针对主妇与年轻女性推出午间项目，其中最有创意的是代代木复合式生活花园代々木VILLAGE，意式餐厅code kurkku延续本身强调健康自然的概念，在中午时段推出按摩+午餐的配套方案，5500日元即可享有50分钟整体指压以及午间套餐，从内到外焕然一新。

一二岐
网址：r.gnavi.co.jp/gad3200
うち山
网址：ginza-uchiyama.co.jp
よしはし
网址：www.sukiyaki-yoshihashi.com
赤坂松叶屋
网址：www.matsubaya.co.jp
Oriental Hotel tokyo bay
网址：www.oriental-hotel.co.jp
HARMONY
网址：www.rph-the.co.jp/shiodome/restaurant/harmony
TOWERS GRILL
网址：www.ritzcarlton.com/en/Properties/Tokyo/Dining/Towers_Grill/Default.htm
VIEW & DINNER THE Sky
网址：http://www.newotani.co.jp/tokyo/restaurant/sky/
code kurkku
网址：www.yoyogi-village.jp/codekurkku

美食行程就要这样排

东京旅行最常遇到的问题，就是时间永远不够用，难得的东京之旅，行程+购物+美食比重该如何安排？发挥效率最大化，是所有旅人必修的课题。

挑选餐厅看这里

日本餐厅介绍网站相当多，选餐厅上网做功课研究资料不可少。多如繁星的餐厅网站中，数据最齐全而且有中文页面的首推"ぐるなび"，举凡菜单、特色和相片都能一览无余。

说到选择餐厅的基准，还是要看顾客评价最准确，评比网站"食べログ"是所有餐厅评价中最具有公信力的，可以说是美食通的最佳参考。不过评价分数多少暗藏玄机，像日本人一致推崇的4分名店不见得符合海外游客口味，另外高级餐厅评价都会偏高，游客又未必吃得起。原则上分数3.5以上都是值得造访的好店，2.5以下的就要有踩雷的心理准备。

人气名店预留3小时

美食达人、专家们总是告诉你各种"必吃名店"，似乎没吃过就不算来过东京。然而要注意的是，任何值得专程造访的人气餐厅，都要预留2~3小时在交通、寻找以及等待上。而平日与周末、进入餐厅的时间段也会有影响，务必要先做好规划，否则非常容易耽误到接下来的行程。

就地解决不好！地图式餐厅攻略

想在有限时间内兼顾吃喝玩乐，得用地图的概念来思考。把地图摊开，先决定想去的起点和终点，再从沿线挑选搭配餐厅。比如想到六本木参观美术馆，不如就把午餐定在美术馆中，省下奔波时间。参观明治神宫，就选择表参道上的人气美食，一路边吃边逛。以路线决定景点，会让时间安排更精简，而不是先挑选景点再想办法串成一条线。本书也是以此概念做规划，所有餐厅均附有地图位置，方便读者有效率地安排行程。

最后一站交给百货公司

百货公司多集中在车站周遭，作为一日行程的终点再适合不过了，想省银子就趁着打烊前到外带美食区抢便宜，同时解决购物、晚餐和伴手礼。

百货公司的餐厅、美食专柜如同精品，各家有专攻的项目，甜点类首推贵妇百货日本桥高岛屋、大丸东京、银座松屋御三家，独家品牌与海内外名店让你绕一圈就能搞定点心和伴手礼。想尝试别具特色的日本品牌，位于室町站的COREDO日本桥与COREDO室町两大商场以当地美食文化为主题，引进筑地、日本桥与人形町老铺之味。秋叶原站旁CHABARA秋叶原网罗全国各地美食与食器用品，推广日本的"食文化"。

19点30分以后百货公司外带美食区与超市开始打折出清，豪华便当、日式串烧、炸鸡等只要定价的五至七折，杀价最痛快的百货包括池袋车站的西武、东武两大龙头，新宿伊势丹，小田急百货，至于日本桥三越本店与高岛屋则以高级食材取胜。此时正是抢便宜的好时机，晚餐在这里解决最干脆！

ぐるなび
网址：www.gnavi.co.jp
食べログ
网址：tabelog.com

超级名店排队攻略

在日本，只要是人气餐厅，势必要面对排队这一关。挑战各家人气排队店，除了耐心与毅力，还要掌握诀窍。

第1招 晚起的鸟儿有虫吃

有些餐厅实在太受欢迎，与其大清早在门口痴痴等候，不如关门前2小时再入场，反而大幅缩短排队时间。像筑地排队名店寿司大（详见P150）就是最好的例子，除非有办法抢在5点首班电车出发前到场，一般要有排队3小时以上的心理准备。然而下午1、2点之后，当老饕级食客心满意足地离开，队伍长度大概只剩一半。另外松饼名店Eggs'n Things（详见P112）与Sarabeth's（详见P178）营业时间晚，赶在最后点餐前1小时到达，即可轻松入店。

第2招 拉面店错乱式排队法

午餐受欢迎的定食店，只要避开上班族与主妇，13点以后往往人潮锐减。另一种方法是将热门时段错开，例如午餐时间品尝松饼甜点，晚餐时段吃人气早餐，你会发现队伍长度可能差了一大截。这招对拉面店特别管用，16点到17点是拉面店最冷清的时候，正是免排队好时机。

第3招 无论如何先等1小时

像"俺の"（详见P162、182）系列，浅草今半（详见P165）等店家，如果没有抢到限量特色餐点，等于是白跑一趟。无论如何开店前1小时就要在店门口就位，只要能抢在第一轮入场，即可大幅减少等候时间。早餐店如

Clinton St. Baking Company（详见P120）也是如此，由于开店时间早，如果能在7点左右到达，就可以省下排队的时间。

第4招 地点、地点、地点

周末假日避开年轻人聚集的原宿表参道是基本常识，因为等待时间绝对比平常再多加1小时。距离车站偏远的餐厅，排队人潮自然较少，这时候有分店的餐厅，不妨安排到位置较偏远的姊妹店用餐，例如bills（详见P34）选择在早晨来到台场店，保证不用排队轻松入场，Sarabeth's选择代官山分店，也比新宿店人潮要来得少。

预约订位先抢先赢

当然比起算时间和碰运气，最好还是直接拿起电话预约订位，这时候信用卡的白金秘书真是太好用啦！特别是必须事先预约的高级餐厅，就交给白金秘书出马。VISA与JCB白金秘书都有餐厅订位的服务，不需另外付费，只要结账时刷他们的卡就可以了。许多餐厅也在官网开放网络订位，节省排队时间。其他订位网站还有日本YAHOO、ぐるなび、一休.COM等，好处是可以储存会员点数，再省一笔。

YAHOO预约评比
网址：reservation.yahoo.co.jp/restaurant
一休.COM
网址：www.ikyu.com

省还要再省！花小钱吃大餐

东京物价随消费税调整节节高升，各种省钱绝招帮助你省下银子，花小钱吃大餐。

网站限定优惠价

餐厅评比网站"食べログ""ぐるなび"，介绍范围几乎囊括东京所有的餐厅，除了详细的信息，可以点击"クーポン"字段确认相关优惠，店家有的提供折扣，有的则是赠送饮料、餐点，上馆子前先确认网站，往往会有意想不到的超值在等着你。

杂志或旅行社网站会针对读者推出特惠方案，像以女性为主要族群的OZmall，不但能上网预约，还能够买特惠方案，比一般价格更划算。

免费报剪剪乐

日本知名的免费报Hot Pepper在各大车站可免费索取，里头是上百家餐厅的广告与优惠详情，不知道要吃什么的时候，可以依照地区选择有兴趣的餐厅，用餐时出示优惠券即可。Hot Pepper的优点是以特集的方式，特别介绍女性喜爱的餐厅、派对餐厅、情侣餐厅等主题，方便顾客作为挑选的依据。

团购券捡便宜

日本人也疯团购！知名网站Groupon进驻日本，提供五折以上的餐厅优惠，如果没有特别讲究必定要吃哪一家，可以预先购买团购券捡便宜。除了Groupon之外，像ponpore也是热门团购网，觉得信息太多眼花缭乱？没问题，团购情报网站ALL COUPON综合评比各家优惠，帮助顾客轻松省，花小钱吃大餐。

省钱进阶—特价App网站

懂日文的人可以尝试通过一些独特的餐厅App省钱，首先是专门收集餐厅试吃会的试食会.jp，只要上网登录，即可预约新开业的餐厅与料理发表会，以最多80%的折扣品尝大餐，很多日本人把它当团购券使用，既能尝鲜，又能省钱，一举两得。

另外还有一种购买点数的午餐定期券"ランチ定期券"，每个月花500日元购买午餐券，向合作店家出示，以500日元换取价值千元以上的午间套餐，是现在日本上班族女性省钱的新妙招。

Hot Pepper
网址：www.hotpepper.jp
OZmall
网址：www.ozmall.co.jp
Groupon
网址：www.groupon.jp
ponpore
网址：ponpare.jp
ALL COUPON
网址：allcoupon.jp
试食会.jp
网址：sisyokukai.jp
ランチ定期券
网址：lunchteiki.com

不可思议的复合式观光美食

餐厅不只是餐厅，各种新推出的套装行程与复合式空间，让用餐变成玩乐的一部分，带来1+1＞2的乐趣。

古迹餐厅、老社区餐厅、景观餐厅……复合式的个性空间让艺术、文化和美食跨界结合，成为东京大受欢迎的旅游方式。

古迹餐厅，感受建筑之美

参观古迹除了买门票跟导览，还可以换个方式：在咖啡香中欣赏。附设于历史古迹之中的咖啡座和茶席，引领游客踏入贵族的优雅世界。像是拥有75年历史，外观如同西洋城堡的小笠原伯爵邸，馆内附设高级餐厅与咖啡馆，在老树参天的庭院中点杯咖啡，古典对称的建筑结构，扶疏绿意仿佛进入上一个世代，贵族般的享受唾手可得。

老屋餐厅，料理中体验文化

东京的老屋改造计划，将弃而不用的老房子翻新后，规划出餐厅、文艺活动等复合式空间，以文艺为小区注入活力，比如隅田川畔的MIRROR以及位于三鹰的ハモニカ横丁ミタカ，本身既为餐厅，又是人们彼此联络感情的游乐场所，品味美食之外还有多重乐趣值得探索。

巴士+餐厅，独特的个性化行程

东京观光巴士NO.1 Hato Bus推出各种主题美食巴士，只要在特定地点集合，巴士会把你载到餐厅，享用完大餐之后再载回原地，省去交通奔波与订餐厅的麻烦手续。除了一般的老铺名店之旅、五星饭店吃到饱之旅以外，Hato Bus还推出一般游客难以一观堂奥的特色餐厅旅程，像是"花街艺伎之旅"带游客向岛樱茶屋（详见P100）和艺伎见面，价格不到1万日元，非常划算。另外还有"银座歌舞伎町之旅"，享用晚餐之后，再到银座牛郎店饮料喝到饱，让一般对歌舞伎町好奇又不敢入门的女性认识夜晚的世界。

浪漫满点，游船景观餐厅

花钱上观景台登高望远，不如挑间景观餐厅用餐兼赏景兼一饱口福。像是晴空塔旁的东京Soramachi，30与31楼景观餐厅不用门票免费，就能看到好风景。新宿都厅45楼的展望台，不但免费开放入场，附设餐厅Good View Tokyo只要日币千元起，即可享有优美景观与大餐，享受浪漫不需撒大把银子。另外值得推荐的还有东京湾游船，搭乘游船巡游优美如画的东京湾，同时品尝法式料理或者精美午茶，美食兼海湾览胜，一加一的效果炒热气氛到最高点。

小笠原伯爵邸
网址：www.ogasawaratei.com
MIRROR
网址：www.mirror-ep1.com
ハモニカ横丁ミタカ
网址：hamoyoko.com/harmonicayokochom itaka.html
Hato Bus
网址：hatobus.co.jp
Good View Tokyo
网址：www.luckbag.jp/goodview
东京湾游船
网址：www.symphony-cruise.co.jp

用餐误区 8大常犯错误

常见的日本用餐8大错误动作，一旦在餐厅这么做，是会让师傅们摇头的！

虽然同为使用筷子的民族，但日本的用餐礼仪和中式料理还是有许多出入，为了避免出糗，几个常犯的错误要注意。

山葵酱不能混进酱油中

我们平常吃生鱼片时，会习惯把山葵酱放进酱油中搅拌均匀，其实这在日本是不正确的。标准做法是取少许山葵酱放在鱼片上，然后连同山葵酱夹起生鱼片，轻蘸酱油即可。

饭碗举起再吃

日本人吃饭时，必须把饭碗举起，一手持筷，一手持碗。把碗放在桌上，甚至单手下垂，拿着筷子扒饭，是很不礼貌的行为。

吃剩的餐点不外带

绝大多数日本餐厅不提供外带，当然也不会准备打包用的塑料袋或纸盒喔！理由是吃剩的料理要是没经过保鲜让顾客吃坏肚子就糟了，所以点餐请量力而为，切勿点太多吃不完。

取消预约务必告知

有些旅客会利用网络、电话或者白金秘书预约，如果不能前往或者无法准时到达，一定要事先向店家告知，随便放店家鸽子是极为失礼的行为。

吃饭前先擦手

在日本餐厅用餐，服务生首先会递上一块湿巾，不明就里的人可能会当卫生纸用，拿来抹脸擦嘴。其实在日本用餐前先擦手是基本礼仪，记得饭前先拿湿巾把手好好擦拭干净。

筷子不架碗盘

在日本，多数餐厅都会提供筷枕，要放下筷子时切勿直接横放或架在碗盘上，而是得放回筷枕。

料理不可就嘴吃

沸腾的小火锅让人食指大动，忍不住举筷把好料夹入嘴中……这在日本是错误行为！火锅也好，大盘分食的餐点也好，一定要先夹入小皿中再食用。另外靠着碗缘张口扒饭，也是不礼貌的动作。

会席料理不配饭

丰盛的会席料理是不配饭吃的，米饭作为压轴，将会在甜点之前，与咸菜、味噌汤一起端上桌，也就是以所谓的"一汁三菜"形式端上桌。

手指版基本餐厅日语

进入餐厅

A：いらっしゃいませ、
何名さまですか？
欢迎光临，请问几位？
B：二人です。
两位。
A：少々お待ちください。
请您稍等一下。
B：はい。
好。
状况一
A：では、こちらへどうぞ。
麻烦这边请。
B：はい。
好。
状况二
A：申し訳ございませんが、ただいま満席です、10分ぐらいお待ちください。
非常抱歉，现在位子客满，请您等候10分钟。
B：分かりました、待ちます。
好的，我们等。

（坐定位置后）

点菜

B：メニューを下さい。
请给我菜单。
A：少々お待ちください。
请稍等一下。

（2分钟之后）

A：ご注文なさいますか？
可以点菜了吗？
B：おすすめは何ですか？
请问有推荐料理吗？
A：（本日スペシャル）をすすめです。
您可以试试（本日特餐）。
B：はい、それをお願いします。
好，那请给我（本日特餐）。
A：パンですか？ご飯ですか？
请问需要面包还是白饭？
B：パン/ご飯をお願いします。
请给我面包/白饭。
A：お飲み物は何になさいますか？
请问附餐需要什么？
B：紅茶/コーヒー/ジュースを下さい。
请给我红茶/咖啡/果汁。
A：ホットですか？アイスですか？
请问是要热的还是冰的？

B：ホット/アイスでお願いします。
请给我热的/冰的。
A：お飲み物は先ですか？
食事后ですか？
请问饮料要餐前上还是餐后上？
B：先に/后でお願いします。
麻烦请餐前上/餐后上。
你可能会这么说
B：すみません、注文お願いします。
不好意思，我要点菜。
B：それと同じ料理をお願いします。
请给我一样的料理。
（用餐中）
B：すみません、追加お願いします。
不好意思，我还要点菜。
A：少々お待ちください。
请稍等一下。
B：すみません、（パン）おかわりお願いします。
不好意思，请再给我（面包）。
A：はい、かしこまりました。
好的，我知道了。
你可能会这么说
B：これは何ですか？
请问这道是什么菜？
B：注文したものはまだ来ません。
我点的菜还没来。
B：これを頼みません。
我没有点这道菜。
B：お水/お茶をお願いします。
请给我水/茶。
B：お手洗いはどこですか？
请问洗手间在哪里？
你可能会听到这句话
A：これを下げでもよろしいですか？
请问这个已经用完了吗？

（用完餐之后）

付账

B：お勘定をお願いします。
麻烦你，我要付账。
A：はい、（2500円）になります。
好的，总共是2500日元。
B：レシートもらえますか？
可以给我收据吗？
A：はい、どうぞ、ありがとうございました。
是的，非常感谢您的光临。
B：ごちそうさまでした。
谢谢！

你可能会这么说
B：ごちそうさまでした。
我吃饱了。（注：用完餐时向店家说这句话就会理解为是要付账）
B：レジはどこですか？
请问付账柜台在哪里？
B：別々でお願いします。
我们要分开付账。
B：これを頼みません。
我没有点这道菜。
B：クレジットカードでいいですか？
请问可以刷卡吗？

快餐店

A：いらっしゃいませ、店内でお召し上がりですか？お持ち帰りますか？
欢迎光临，请问您内用还是外带？
状况一
B：ここで食べます。
我要在这里吃。
状况二
B：持ち帰りです。
我要外带。
A：サイズはどうですか？
请问您的饮料要哪一种？
B：スモール/ミディアム/ラージをお願いします。
请给我小杯/中杯/大杯。

活用美食日语

英語のメニューがありますか。
请问有英文的菜单吗？
氷を入れないで下さい。
请不要放冰块。
料理がまだ来ません。
点的餐还没来。
お会計お願いします。
麻烦请结账。
～がありますか。
请问有……吗？
これはなんですか？
请问这是什么？
お湯を下さい。
请给我热开水。
コーヒー
咖啡
ジュース
果汁
コーラ
可乐

味觉散步

寻觅东京里滋味

摊开美味的藏宝图，徜徉在让人食指大动的东京街道，
品尝美食不需要大费周章、更改筹划已久的行程，
值得造访的好餐厅往往就在拐弯处，
以地图式的思维，让美食为旅程加分，漫步在东京的好食好景中。

玩味食尚飨宴

涩谷

SHIBUYA

品尝自我，感受独特，这里是属于自由人的地盘。

下班后的微醺乐园

下班后喝一杯，是日本上班族减轻压力的固定仪式，白天以流行时尚著称的涩谷，在夜晚成为上班族流连的美食天堂，从涩谷车站到八公前的十字路口，密密麻麻的餐厅招牌向顾客招手，日式居酒屋、女性喜欢的红酒吧、串烧，还有主题餐厅、海鲜酒场、多国料理……烤肉热气与上班族脸上的微醺醉意，一切尽在不言中。

光之涩谷 Hikarie

美食、生活与艺术，涩谷Hikarie 呈现东京生活的新主张。34楼内结合办公大楼与购物中心，并有世界最大的音乐剧剧场"东急THEATRE Orb"。购物区除话题店家与餐厅进驻，8/艺廊展出世界艺术家的作品，带来不一样的涩谷新视野。

神南、道玄坂，潮流欧风料理

挥别灯红酒绿，往道玄坂方向则可找到许多洗练有风格的餐厅，以及充满设计感的文青咖啡店。欧式美食或强调有机自然，或是走欧式小酒馆路线，格调吸引懂吃的都会男女，透过料理美食品味生活。

细腻而野性的法式餐酒

Deco

价格等级：★★★★ 交通：JR、地下铁、私铁各线涩谷站徒步7分钟
地址：涩谷区神南1-17-2 DIX神南ビル B1F
电话：+81-3-6416-1151　时间：11:30~14:30、18:00~21:30
休日：周日　价格：午餐套餐￥2100日元、晚餐套餐4200日元，
主餐单点可2人共享，烤带骨花悠仔豚（きロースのロースト）
4000日元　网址：www.deco-hygge.com/deco

❶

❶ 主厨特制的大山鸡肉冻与油封和歌山香鱼
❷ 餐厅位于花草扶疏的神南地区
❸ 室田本身拥有猎人执照，将自己猎捕的野禽制作成盘中佳肴
❹ 店里摆设简单雅致
❺ 位于地下室，初来乍访的顾客一不小心就会错过
❻ 吧台座位让单独的顾客也能自在地享用料理

藏身神南商圈的地下一楼，Deco以一种大隐隐于市的姿态，静待懂美食的客人推开大门。

法式小酒馆的轻松气氛下，端出来的餐点丝毫不马虎。18张桌位的狭小空间是室田主厨挥洒技巧的舞台，他结合正统法式烹调与日本国产食材，充满个性的表现手法，让Deco获得包括米其林指南等美食界的高度好评。

"我有雉鸡、野鹿和孔雀喔。"室田主厨带着神秘的微笑说道。从产地到餐桌，菜单上清楚表列每样食材的来源。拥有猎人执照的他还亲自到深山猎捕野味，提供别的地方吃不到的雉鸡、野鹿、熊等，连孔雀也是盘中珍馐。"人类从自然汲取食物，创造美味料理，也是感谢自然的表现。"主厨说。

秉持尊重食材的态度，室田主厨忠实呈现食材的原味与形状，利用酱汁、配菜画龙点睛，发挥食物原本滋味的最大值。店内让顾客最津津乐道的食材，包括千叶产的花悠仔豚、自然放养的大山鸡等，前菜"大山鸡肉冻"，采用胸肉与腿肉，以火腿围起后凝结成肉冻，不加多余调味，让胶质与肉的香气和弹性充分结合。主菜"油封和歌山香鱼"，新鲜当季香鱼浸泡油脂中，85℃低温炸3小时，直到连骨头都酥脆可食，搭配特制橄榄酱和20种季节野菜，丰富的层次感挑动味蕾，洋溢季节的韵味。

精品小农食堂

d47

价格等级：☆☆ 交通：JR、私铁、地下铁各线
涩谷站徒步3分钟 地址：涩谷区涩谷2-21-1 涩
谷Hikarie8F 电话：+81-3-6427-2303 时间：
11:00~23:00 价格：福冈定食1780日元、香川定食
1100日元、长崎定食1520日元（菜单每月更换）
网址：www.hikarie8.com/d47shokudo

①

❶静冈县天然放养的鸡做成美味炸鸡定食，价格不便宜，但食材味美有保障

❷❸❹餐厅内贩卖包括果汁、啤酒、麻油、茶类等从各县市精选的优质良品

❺甜咸交织的卤青菜和清酒相当搭配

❻明亮用餐区紧邻大片的落地窗，涩谷街景一览无余

❼由d47出版社企划的小农食堂

d47 是一个概念，并从中衍生出一本杂志、一间博物馆和一间食堂。47代表日本47个都道府县，杂志编辑深入探访各县市，找到职人好物和小农食材，并将它带到博物馆，以及食堂的菜单中，从当地观点，认识不一样的日本。

食堂以传达"美味正统的日本美食"为目的，严选各县市优质小农的得意之作，制作成各种让人熟悉却又惊艳的家常滋味。大片玻璃窗面对着车水马龙的涩谷街头，店里简约风格时尚雅致，开放式厨房可以窥见厨师忙碌认真的身影。

翻开菜单，你看到的不是菜名，而是来自各产区的特色料理。福冈定食内容有节日必吃的炖煮蔬菜"がめ煮"、米糠味噌渍鲭鱼，以及福冈特产明太子。香川定食为小豆岛的手工素面，搭配炸竹轮和小豆岛酱油炒蚕豆，长崎定食则是松浦港现流的酥炸竹荚鱼与煮萝卜干。每月更换的产地定食菜单，感觉不仅品尝到乡土风味，也一并享用了各地的文化风情。

配合涩谷夜生活，d47供应多种下酒菜与酒精饮料，内容同样来自47都道府县，今夜你想要冲绳风，还是要北海道风？品味当地美酒佳肴，满足舌尖上的旅行。

排队寿司名店
美登利寿司

> **价格等级**：☆☆ **交通**：JR、私铁、地下铁各线涩谷站徒步1分钟 **地址**：涩谷区道玄坂1-12-3 MARK CITY East 4F **电话**：+81-3-5458-0002 **时间**：11:00~22:00（点餐至21:45）**价格**：梅握寿司（梅にぎり）特上握寿司（特上にぎり）1600日元 **网址**：www.sushinomidori.co.jp **分店**：银座、吉祥寺、赤坂等地区有分店，请参考网站信息

巴黎的优雅早晨
VIRON
ブラッスリー・ヴィロン

> **价格等级**：☆☆ **交通**：JR、私铁、地下铁各线涩谷站徒步8分钟 **地址**：涩谷区宇田川町33-8 **电话**：+81-3-5458-1770 **时间**：09:00~22:00（早餐时段09:00~11:00）**价格**：早餐1500日元、套餐1800日元 **分店**：丸之内有分店

与涩谷车站相连的MARK CITY内，有一家随时都有着排队人潮的寿司店。美登利寿司从东京梅丘起家，正统江户寿司以不可思议的超值价格提供给顾客，无论本店还是涩谷店永远大排长龙，日本上班族、各国旅客为了吃寿司，等几个小时也心甘情愿。

好不容易排入店里，醒目的吧台上，干贝、鲔鱼等各种新鲜活跳的食材吸引目光，寿司职人一字排开，手不停地捏着最新鲜的握寿司。各种美味寿司可以说不计成本，11贯握寿司有鲜虾、干贝、海胆等高级食材，竟然只要1600日元，螃蟹汤中居然还有一整只毛蟹呢！

❶

❷

❸

❶食材新鲜，是美登利寿司的质量保证
❷仿佛巴黎咖啡店的门口
❸优雅明亮的店内
❹一楼为外带区，贩卖各种面包、蛋糕等
❺早餐套餐多种面包任君选择
❻醒脑咖啡、现烤面包以及多种口味的果酱，两人分食都绰绰有余

如果你是个面包控，那么VIRON绝对是你不想错过的超人气面包铺。VIRON所有面包及糕点皆使用法国进口的顶级面粉Rétrodor，而且所有面包口味都是在师傅们无数次讨论研究后才会推出，为的就是要提供最地道的法式面包。

　　VIRON 2楼是充满法式风情的典雅咖啡店，提供面包、咖啡和餐点。物超所值的面包套餐多年来蝉联涩谷早餐店人气第一名。服务生首先拿来放满各种现烤面包的大篮子，可以任选棒子面包、可颂等4个，并附上8种抹酱供顾客自由取用，面包口感扎实而不过硬，加上果酱增添风味，餐后再来一杯附餐饮料，让人由衷满足。

个性，涩谷小食堂

涩谷街头不乏潮流时尚的餐厅、咖啡店，然而那些藏在街头巷尾、闹中取静，甚至视野良好的店家，反而别有韵味，在咖啡香萦绕下，默默熏陶着灵魂的气息。

老店的优雅之味
人间关系

　　1997年就开业的人间关系，能够在求新求变的涩谷屹立不摇一定有其魅力，从充满气氛的店门也许就能窥见端倪。早餐开始提供英式糕点Scone，配上一杯招牌咖啡就是上班族的活力来源，午餐可以品尝简单轻食，晚餐也可以喝点啤酒，仿佛身处意大利的小餐馆。

交通：JR、私铁、地下铁各线涩谷站徒步5分钟 地址：涩谷区宇田川町16-12 电话：+81-3- 3496-5001 时间：09:00～23:30（L.O. 23:00，L.O.：最后点餐时间）价格：意大利面午餐套餐780日元 网址：www.kumagaicorp.jp/brand/ningenkankei

自由人专属
FREEMAN CAFÉ

　　FREEMAN CAFÉ位于地铁站METRO PLAZA的2楼，可以眺望明治通美丽的窗外风景。店里则是由木头桌椅、沙发和暖黄灯光组成的舒适空间，也提供网络和插座供客人使用。在窗边个人座席上你可以安静读书或望向窗外的人们，室内的小桌则萦绕着年轻人聊天的愉快话声，气氛悠闲。

交通：JR、私铁、地下铁各线涩谷站徒步4分钟 地址：涩谷区涩谷1-16-14 METRO PLAZA 2F 电话：+81-3-5766-9111 时间：10:00～23:00（L.O. 22:30）价格：午间套餐940日元 网址：ameblo.jp/freeman-café

轻熟女甜点乐园
SILKREAM シルクレーム

　　以白色为基调的优雅空间内，弥漫着舒

爽的北欧风格。SILKREAM是专为轻熟女们打造的轻食角落，可爱又有设计感的北欧杂货摆放在窗台前，沙发区摆放生活杂志，一个人也可以享受独处的悠闲。店内点心深受好评，酥脆派皮上放满各种季节水果、冰淇淋以及手工果酱，融化女性顾客的心。

交通：JR、私铁、地下铁各线涩谷站徒步6分钟 地址：涩谷区神南1-19-4 电话：+81-3-3464-4900 时间：11:00～21:00（L.O.20:00）价格：北欧莓果与草莓奶油派（北欧ビルベリーと 苺のミルフェ）820日元、午间沙拉套餐（サラダランチ）920日元 网址：www.nissei-com.co.jp/silkream

意式品味风格
BENCI by MIDWEST CAFÉ

　　BENCI的店名来自于意大利语的"长椅"，是因为希望在涩谷中，创造出一方仿佛公园长椅般、能让人安坐休息的角落。咖啡厅空间分成两个部分，一是拥有天窗并有着大叶植物包围的室内空间，另一半则是充满老式公寓情调的户外阳台。

　　店内菜单呼应店名，主要以意大利料理为主。中午，单独阅读的客人、附近工作的年轻人为店里带来明朗气氛；到了傍晚，随着菜单换上酒类，店里也在昏黄灯光映照下，多了另一番情调。

交通：JR、私铁、地下铁各线涩谷站徒步5分钟　地址：涩谷区神南1-6-1 4F　电话：+81-3-5428-3359　时间：11:30~20:00（L.O. 19:30）休日：周一　价格：午间套餐，平日1000日元、假日1200 日元　网址：benci.jp

静谧的日式空间
茶亭羽当

　　关上门，静谧的店内让门外喧嚣的空间仿佛消失了。茶亭羽当是在附近居住或上班的东京人的隐秘绿洲，店门看起来不大，一眼望不尽的L形空间给人别有洞天的感受。若是第一次到这里来，不妨试试羽当自制的炭火咖啡（炭火煎羽当オリジナル），可以喝到咖啡苦而不涩的回甘滋味。吧台展示300个咖啡杯颇为壮观，店长田口先生透露，会根据客人给人的感觉挑选咖啡杯。看到端上来的咖啡，可以推理一下，看看自己在别人眼中表露出怎样的感觉。

交通：JR、私铁、地下铁各线涩谷站徒步3分钟　地址：涩谷区涩谷1-15-19 二叶ビル 2F　电话：+81-3-3400-9088　时间：11:00~23:30（L.O. 23:00）价格：咖啡800日元

海风与美景相伴

台场

ODAIBA

大海在耳畔声声呼唤，起飞的心情变成了彩虹的颜色。

五星级的美食飨宴

海鸥翱翔在湛蓝海面，远方摩天轮滴溜溜地旋转，台场海滨开阔的风光令人神往。由海埔新生地打造的台场，大型购物中心提供吃喝玩乐所有选择，老字号的VenusFort、AQUA CITY以及新加入的DiverCity，上百家餐厅令人眼花缭乱。

风和日丽下的滨海散步

台场海滨公园占地广阔，踩着沙滩和绿地，眼前就是湛蓝海景与璀璨的东京都会区。横跨东京与台场的彩虹大桥，其实是可以"走"的横渡。步道分为南侧与北侧，南侧可以看到台场一带的风景，北侧则是东京市区，天气好时可以看到东京铁塔与东京树呢！

约会、求婚、纪念日，就是这里了！

年轻情侣把台场当作约会胜地，一来是因为明媚风光，二来则是这里集中了许多海景餐厅，包括热带风情的便宜汉堡店，以及适合庆祝重要节日甚至求婚的高档餐厅等。无论是闪耀余晖的落日，或者华灯初上的闪亮夜景，都让用餐情调更添一层，浪漫气氛满点。

●お台场海滨公园
交通：百合海鸥号台场站徒步10分钟，お台场海滨站徒步1分钟　电话：+81-3-5500-2455
●横渡彩虹大桥（レインボープロムナード，全长1700米，单程约40分钟）
交通：入口处在芝浦与台场侧各有一个，芝浦口：百合海鸥号浦ふ头站，徒步约5分钟；台场口：お台场海滨公园站徒步约15分钟
地址：港区芝浦与台场之间
电话：+81-3-5442-2578
时间：09:00~21:00，11月至次年3月10:00~18:00
休日：每月第3个周一
价格：免费
网址：www.hnt.co.jp/rest_tob

蔚 蓝 海 岸 的 明 媚 阳 光

Terrace on the bay

テラス　オン　ザ・ベイ

价格等级：☆☆☆ 交通：百合海鸥号台场站直达
地址：港区台场1-9-1 ホテル日航东京3F
电话：+81-3-5500-5580 时间：11:30~14:30、17:30~21:30
价格：午间套餐3000日元、晚间套餐10000日元(以上均不含税)
网址：www.hnt.co.jp/rest_tob

❶

❶由五种镶馅蔬菜组成的"Petit Farci"
❷餐厅装潢如欧洲的度假行宫
❸主厨利用种植在阳台入菜的新鲜香草
❹牛肉以小火烧烤，搭配芥末红葱头酱汁，柔嫩而多汁
❺冰激凌和奶茶慕斯中间夹坚果脆片，搭配柳橙酱汁，呈现绝妙口味

紧邻着台场海湾，日航东京饭店以帆船姿态眺望着大海，长久以来一直是台场的代表地标。位于日航东京饭店3楼，法式餐厅 Terrace on the bay以海景第一排的绝妙视野和精致法式美食，成为求婚成功率近百分百的超人气约会餐厅。

典雅、洗练的空间气氛，让人联想到南法的贵族宅第。餐点以普罗旺斯料理为中心，新鲜简单的食材，创造出毋庸置疑的好味道。主厨将季节感呈现盘中，春天的白芦笋、秋冬的松露，当季菜品以融合现代与传统的方式烹调，带来无限惊喜。

前菜"Petit Farci"意为迷你镶馅菜，茄子、芜菁、包心菜、节瓜、地瓜5种蔬菜缤纷的形状和色彩首先就引人食欲，送入口后，才发现里面原来藏了鸡肉馅、茄子泥、鳕鱼浆和普罗旺斯炖菜等内馅，味觉层次相当丰富，是具有匠心的一道料理。餐厅有许多招牌主餐，像马赛鱼汤是许多老顾客必点的经典，牛排类选择多样，带骨牛排佐芥末红洋葱酱，浓郁肉香和酱汁搭配得宜，处处展现五星主厨的手艺。

春季到秋季餐厅开放露台，彩虹大桥在眼前幻化五彩光芒。一旁种植香草植物，蔚蓝海景衬托清新绿意，南法情调满点，美食与美景相伴，气氛无限美好。

无敌海景夏威夷汉堡

KUA`AINA

クアアイナ

价格等级：☆ 交通：百合海鸥号台场站徒步2分钟
地址：港区台场1-7-1 AQUA CITY 4F 电话：+81-3- 3599-
2800 时间：11:00~23:00（L.O. 22:00）价格：酪梨汉堡
（アボカドバーガー）1/3LB1045日元、菠萝汉堡（パイン
バーガー）1/3LB909日元、夏威夷啤酒（ハワイアンコナビ
ール）627日元

网址：www.kua-aina.com 分店：晴空塔、池袋Sunshine
City、丸大楼等均有分店，详情请见网站信息

❶

❶酪梨、菠萝汉堡和夏威夷啤酒是最佳拍档

❷走出百合海鸥号车站即可看到醒目招牌

❸来自夏威夷的知名汉堡连锁店

❹透过窗户，台场海滨明媚的风景尽在眼前

❺气氛轻松愉快，仿佛置身悠闲的夏威夷

KUA`AINA

KUA`AINA是来自夏威夷欧胡岛的汉堡连锁店，特色是把热带岛屿的酪梨、菠萝带入厚实饱满的汉堡中，酸甜水果让汉堡变得更多汁有味，博得广大人气。

KUA`AINA目前在日本有20家店铺，面对大海的台场店视野绝佳，椰子树影以及挂满墙上的夏威夷照片，最有热带岛屿的气氛。菜单的选项极多，有汉堡、三明治以及煎饼等甜点，初次尝试可先从最有人气的酪梨堡点起，仿佛奶油般滑嫩却完全不腻口的酪梨和厚切牛肉彼此交融，浓郁诱人到了极点。汉堡可以凭喜好自由变化，加入酸黄瓜、培根、菠萝等，面包有3种选择，还有切达、美式、艾曼塔等5种起司任你搭配，打破连锁汉堡店的既有印象，KUA`AINA依然保持传统手制汉堡的新鲜、自由和美味。

慵懒轻松的热带乐声中，欣赏窗外海天一色，大口咬定多汁汉堡，再配上夏威夷特产手工啤酒，如此惬意的享受只要几千日元，在高级餐厅众多的台场，实在是相当物超所值。

俯瞰闪烁的东京湾

Star Road

スターロード

价格等级：☆☆☆ 交通：百合海鸥号台场站徒步3分钟 地址：港区台场2-6-1 GRAND PACIFIC LE DAIBA 30F 电话：+81-3-5500-6605 时间：早餐6:30~10:00、午餐11:30~15:00、晚餐17:30~21:00、酒吧21:00~23:00 价格：午间自助餐平日4070日元、假日4890日元、晚间主厨套餐8000日元 网址：www.grandpacific.jp/restaurant/starload

❶

❶ 全套法式晚餐感受浪漫到极点的夜晚

❷ 主厨太居一拥有多年资历，随季节变换菜色

❸ 烧烤鱼肉与鲜虾传递来自海洋的鲜美滋味

❹ 口感绵密细滑的浓汤

❺ 饭后甜点为晚餐画下完美句点

位于台场饭店GRAND PACIFIC LE DAIBA最上层的法式餐厅Star Road，最傲人的就是这里的经典夜景——前方漆黑的海水上，是仿佛梦幻、打上灯光的彩虹大桥。后方，东京铁塔和天空树几乎在同一个平面上，伴随着东京其他高楼，从海边开始拔地而起。

虽然位于五星饭店的绝佳位置，Star Road的价格并不会高昂得吓人，晚间套餐8000日元起，午餐则是自助餐形式，吃到饱竟然只要4070日元，绝妙视野和大厨现场烹调的佳肴，大幅提升用餐情调。

Star Road延聘料理资历长达26年的日籍法式料理主厨，在正统的法式料理中，加上日本食材和独特创意，并由专门的侍酒师依客人的喜好选择最适合配餐的各种酒类。菜单随季节变换，烧烤类料理是主餐的人气选项，像是把羔羊肉烤得表面香脆，内部带着鲜嫩粉红色泽，搭配百里香茄子与西红柿，以及黑橄榄酱，肉类与蔬菜平衡搭配，满足刁钻的老饕们。

为了让客人可以欣赏迷人夜景，室内灯光调成温柔的微黄色调。面向灿烂夜景、两两用餐的情侣，让餐厅充满了低调奢华的浪漫气息。

世界第一的早餐
bills

价格等级：☆☆ 交通：百合海鸥号台场海滨公
园站徒步6分钟 地址：港区台场1 - 6 - 1 DECKS
Tokyo Beach 3F 电话：+81-3-3599-2100 时间：
09:00~23:00，周六、周日、假日08:00~23:00 价
格：香蕉蜂蜜奶油松饼（リコッタパンケーキw/フ
レッシュバナナ、ハニーコームバター）1350日元
网址：bills-jp.net 分店：在七里滨、表参道、横滨
均有分店，请参照网站信息

东京近年来兴起一阵松饼热潮，bills正是其中的超人气店家之一。来自澳大利亚的bills被誉为世界第一的早餐，现在在日本共有4家分店，以拥有206个座位的台场店规模最大，挑高的室内明亮宽敞，在露天用餐区还可眺望彩虹大桥与东京湾美景，享受优雅惬意的用餐时光。

bills必点的招牌松饼分量十足，3大片的超厚松饼色泽诱人，淋上蜂蜜后再切小块入口，湿润滑顺的口感让人惊艳，咀嚼时口中散发着微微的起司香气与甜味，大分量的甜蜜滋味攻陷许多人的心，据说好莱坞巨星莱昂纳多·迪卡普里奥也为其深深着迷呢。

❶ 面对台场海滨的明亮店内
❷ 吹着海风，在露天座位感受无比开放感
❸ 号称世界第一的早餐，从早到晚都享用得到
❹ 夹入融化起司三明治外酥内软
❺ 传统早餐有炒蘑菇、有机炒蛋、培根与香肠，均为手工制作
❻ 招牌松饼绵软得几乎要将舌尖融化

玩味，晴空咖啡

在弥漫欧风的台场，咖啡店是人气主流。坐在店内享用也好，趁着天晴外带也好，咖啡香与潮香总是如影随形，劝人慢下脚步，尽享好时光。

动漫迷的胜地
钢弹咖啡

以经典动画为主题的咖啡店，只要是动漫迷，免不了要朝圣顶礼膜拜一番。咖啡店位于购物商场Diver City正门的Fesitval广场上，前方就是18米等比例打造的钢弹模型。咖啡店旁的GUNDAM FRONT TOKYO是以拟真为概念打造的钢弹世界。

钢弹咖啡店在秋叶原和东京车站均有分店，台场店仅提供外带轻食，内容虽然较少，但在巨大钢弹下品尝钢弹咖啡，对动画迷来讲却是其他地方找不到的魅力。有钢弹图样的咖啡是必点单品，钢弹、夏亚专用萨克，以及亚凯钢弹三种图样随机出现，让人涌起收集全套的冲动。钢弹形状的鲷鱼烧——钢弹烧（ガンプラ烧）有甜咸两种口味，看钢弹吃钢弹，乐趣十足。

交通：临海线东京テレポート站徒步3分钟，百合海鸥号台场站徒步5分钟　地址：江东区青海1-1-10 Diver City Tokyo Plaza 2F　电话：+81-3-6457-2778　时间：10:00~21:00　价格：钢弹烧卡士达酱（ガンプラ烧　たっぷりクリーム）194日元、钢弹拿铁（ガンダムカフェラテ）362日元　网址：g-cafe.jp　分店：秋叶原、东京车站、幕张均有分店，请参考网站信息

来自岛屿的咖啡香
HONOLULU COFFEE

不用远征夏威夷，现在在台场也可以享用到来自檀香山的HONOLULU COFFEE。来到这里仿佛走入另一个世界，竹编扇叶、绿意墙面与植栽、耳边流泻的音乐……都营造出夏威夷式的浪漫。招牌的可纳咖啡（Kona），只有在拥有得天独厚环境的夏威夷岛才能种植出此咖啡豆，经独门技术烘焙成的咖啡，喝来不苦不涩，香气绝伦。甜点方面，十分推荐提拉米苏杯子造型蛋糕与夏威夷果奶油松饼，值得一尝。

交通：临海线东京テレポート站徒步3分钟，百合海鸥号台场站徒步5分钟　地址：江东区青海1-1-10 Diver City Tokyo Plaza 2F　电话：+81-3-3527-6226　价格：提拉米苏杯子造型蛋糕500日元、夏威夷果奶油松饼（マカダミアナッツクリームパンケーキ）1000日元　网址：honolulucoffee.co.jp　分店：赤坂、表参道等地均有分店，请参考网站信息

独行旅人的美味温度

新宿
SHINJUKU

当迷失在喧嚣时，一道好料理，总能让人从内心感到踏实。

如果在新宿，一个旅人

车水马龙的新宿大街，众声喧哗中，反而给予独行旅人喘息的空间。车站周边餐厅多是独自用餐的客人，车站西口的思い出横丁，狭小巷弄挂着红灯笼，两旁关东煮、烧烤、拉面摊飘出阵阵香气……和疲惫的上班族并肩，感受深夜食堂的人情冷暖。

三丁目的味觉时尚

百货公司集中的三丁目，随着丸井、伊势丹等老牌百货公司陆续翻新，进驻其中的餐厅也随之调整，变得时尚、洗练，食物美味得有形有色。把自己放逐在三丁目的时尚狂潮中，感受疯狂买东西吃东西的乐趣！

风和日丽下的新宿御苑野餐

看腻高楼大厦，广大的新宿御苑就在身旁。新宿御苑是明治时代的皇室庭园，造景融合法国、英国与日本风格，美丽而优雅。天晴的周末常可看到日本人携家带眷，在青绿草地野餐，享受乐活时光。

●思い出横丁
交通：JR、私铁、地下铁新宿站徒步2分钟
地址：新宿区西新宿，位于JR新宿车站西口
时间：依各店铺不一，大多营业至深夜
网址：www.shinjuku-omoide.com
●新宿御苑
交通：JR总武线、中央线千驮ヶ谷站徒步5分钟、地下铁丸之内线新宿御苑前站徒步5分钟、都营大江户线国立竞技场站徒步6分钟
地址：新宿区内藤町11
电话：+81-3-3350-0151
时间：09:00~16:30（入园至16:00）
休日：周一
价格：大人200日元，中小学生50日元，幼儿免费

老 牌 天 妇 罗 之 味

天秀 てんひで

价格等级：☆☆交通：地下铁大江户线新宿西口站徒步5分钟，JR、私铁、地下铁新宿站徒步7分钟 地址：新宿区西新宿7-12-21 电话：+81-3- 5386-3630 时间：11:30~13:30、17:00~22:00（L.O. 21:00）周六、假日17:00~22:00（L.O. 21:00）休日：周日 价格：天丼850日元、天重1250日元、天妇罗定食2200日元、套餐3000日元

❶

❶ 午间天丼，刚炸好的海鲜和蔬菜，面皮酥脆爽口
❷ 有历史感的天秀大门
❸ 师傅细心地掌握每个食材的油炸时间与面衣分量
❹ 面衣包裹中的鲜虾与鲜虾新鲜爽口
❺ 现炸天妇罗可搭配萝卜泥酱汁或海盐

位于新宿巷弄中，通常只有熟客才会拉开天秀的日式木拉门，探头向店内招呼。这家老字号的天妇罗店外观有些陈旧，4张桌子配上一个长吧台，就是所有的空间。有限座位在用餐时间常被熟客占满，毕竟2200日元一套的正统江户天妇罗，在其他地方可是打着灯笼也找不到的。

空气中弥漫麻油的清香，选在吧台的位置坐下，老板就站在眼前，将新鲜食材一个接一个投入油锅中，舞动的双筷在空中划出规律弧线，伴随着飞溅的面糊花。所有食材都是当日从筑地市场采购，麻油与沙拉油调成黄金比例，让面衣轻盈不腻口，散发清新麻油香。

午间定食从850日元的天丼起，价格十分亲民。不过若想看师傅发挥技巧，自然首选天妇罗定食，师傅有条不紊地从鲜虾开始，口感鲜嫩爽口，品尝完后，接着送上炸虾头，酥脆爽口越咀嚼越鲜美。料理内容根据当日市场采买而定，星鳗、紫苏鲜虾卷、莲藕、乌贼、香鱼……鲜嫩肉质包裹在松脆面衣中，香气与油脂无所遁形，随着咬开的面衣一并入口。

熟客间的口耳相传，让老字号的天秀向来不愁没有客人，店虽小，但因为坚持而变得不简单。

新宿高野本店

高级水果甜点吃到饱

价格等级：☆☆ **交通**：JR、私铁、地下铁新宿站徒步1分钟 **地址**：新宿区新宿3-26-11 **电话**：+81-3-3371-5532 **时间**：10:00~21:00 **价格**：甜点吃到饱2700日元 **网址**：takano.jp

❶ 水果吧中特选当季水果、水果点心与咸食尽情吃到饱

❷ 水果圣代餐厅制作数十种水果圣代

❸ 缤纷水果拼盘让人食欲大增

❹❺ 水果吧与水果圣代餐厅清爽简洁的风格

❶

❹

❺

❷

❸

高野是日本著名的高级水果店，发源于新宿，地下两个楼层都贩卖各种与水果相关的商品，除了有自家特制的果酱和饼干外，新鲜水果礼盒和果汁都不少，还有外卖水果沙拉、使用大量季节水果的创意蛋糕等。

如果想来点奢侈的味觉飨宴，5楼有水果吧（カノフルーツバー）与水果圣代餐厅（タカノフルーツパーラー），让爱吃甜点的顾客尽情品尝色彩缤纷的水果下午茶。特别是吃到饱形式的水果吧，高级哈密瓜、水蜜桃爱吃多少就吃多少，还有各类水果点心、蛋糕，以及意大利面、比萨等咸食，被东京女性票选为最爱甜点自助餐第一名。

漫画+千元咖喱无限量

莫央咖喱大忍具

もうやんカレー大忍具

价格等级：☆☆ 交通：地下铁丸之内线西新宿站徒步3分钟 地址：东京新宿区西新宿8-19-2 电话：+81-3-3371-5532 时间：11:30~15:00、18:00~23:30 休日：周六 价格：和牛咖喱1200日元、酪梨咖喱1400日元、全部咖喱（鸡牛猪虾）1600日元 网址：www.moyan.jp 分店：池袋、涩谷、新桥、京桥均有分店，详情请见网站信息

❶ 海岛风的店内挂满花环与岛屿小物

❷ 咖喱使用数十种香料和大量野菜，经过长时间熬煮而成

❸ 咖喱可选择追加酪梨、鸡蛋、起司、香菇等配料

❹ 店门才开不久，就已经座无虚席

椰子树、鸡蛋花环、彩绘图腾，夏威夷风情弥漫昏黄空间，不过最让人心动的，还是满柜的日本漫画，许多独行上班族选择面墙座位，一套漫画，一碗咖喱，沉浸在独自一人微小而确实的幸福中。

翻开菜单，咖喱首先从白饭分量开始选择，从3分满到双倍分量共有5种等级，辣度也是0度到20度任君挑选。咖喱种类同样变化多端，酪梨咖喱放入一整颗新鲜酪梨，口感加倍浓滑；牛肉咖喱炖得入口即化，搭配起司酱，浓香中散发香料的刺激感，让人胃口大开。而牛筋、卤猪肉、带骨羊肉，甚至葱咖喱都是店里的独门口味，搭配五花八门的配料，一时间真不知该如何选择才好。

健康美味酪梨汉堡
J.S. BURGERS CAFÉ

价格等级：☆☆ 交通：JR、私铁、地下铁新宿
站徒步1分钟 地址：新宿区新宿4-1-7 3F 电话：
+81-3-5367-0185 时间：11:00~22:30，周六日、
假日10:30~21:30（L.O.打烊前30分） 价格：酪梨
汉堡（アボガドバーガー）1080日元（小份880
日元）网址：journal-cafe.jp 分店：涩谷PARCO、
原宿、池袋均有分店，详情请见网站信息

J.S. BURGERS CAFÉ是知名服装品牌 JOURNAL STANDARD所开设的汉堡快餐店，以清新、时尚的美味为号召，近来在东京引起一阵话题。

店内提供包括培根、辣酱、起司等多种口味的汉堡，柔软多汁的汉堡肉排与配料组成完美比例。其中店员最推荐的就是夹入2片酪梨的汉堡，香浓的酪梨配上清爽的酸黄瓜酱，一同放在厚厚的汉堡肉排上，再夹入松软的面包中，美味不在话下。和一般汉堡店不同的是，J.S.BURGERS CAFÉ在甜点方面下足功夫，香甜法式吐司，以及各种水果奶昔和优格，成功攻陷日本年轻族群的心。

❶由服饰品牌所开设的风格汉堡店
❷加满酪梨的汉堡深受年轻女性喜爱
❸装潢如时尚咖啡店

❶除了内用，中村屋亦有许多外带商品
❷流传百年的招牌咖喱
❸咖喱有白饭与印度南饼等选择

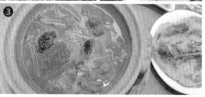

元祖印度风咖喱
新宿中村屋

价格等级：☆☆ 交通：JR、私铁、地下铁新宿
站徒步1分钟 地址：新宿区新宿3-26-13 电话：
+81-3-3352-6167 时间：各店铺时间略有不同，
11:00~22:00 价格：中村屋纯印度式カリー（印
度咖喱）1512日元，スープカリー（汤咖喱）
1620 日元 网址：www.nakamuraya.co.jp 注
意事项：餐厅在10月开业前，暂时移至隔壁高
野大楼（新宿区新宿3-26-11）6F营业

创业于1901年的新宿中村屋，是专卖印度风味咖喱的老字号餐厅。特制印度咖喱严选大块鸡肉，搭配加入大量香料、高汤与优格的咖喱中，成人风味的浓郁辛香，历经百年岁月依然人气不减。

因为年代老旧而重新整修的中村屋大楼，在2014年10月底全新开业，时尚精品进驻地面8层、地下2层的大楼。原有餐厅以新形态登场，顶楼餐厅Granna提供中式与印度式招牌料理，地下层Bonna回到中村屋的老本行——西点，制作创新口味的蛋糕和西点，Manna为咖啡店形式，主打最受欢迎的中村屋咖喱。值得注目的还有新开业的中村屋沙龙美术馆，展示日本近代艺术作品。透过美食与艺术，感受流传百余年的滋味。

每个人心中，都有一碗拉面

挖掘出那些位居窄巷、空间狭小的拉面名店需要花点心思，排队等候也是必经过程，但这些小障碍，反而让拉面迷乐在其中，谁叫日本拉面这么让人着迷呢。

风味浓郁熟成沾面
风云儿

风云儿的位置相当不起眼，但是大老远就能看到长长的排队人龙。必吃的沾面采用弹性有劲的粗面，搭配汤头乃是厨师精心调配，由日本产鸡肉与昆布、柴鱼、鱼干等熬煮8小时，经6小时过滤与1日熟成，蕴含山海精华，味道浓郁不腻，让人忍不住一口接一口地吃。

交通：JR新宿站南口徒步5分钟，地下铁新宿站徒步1分钟 地址：涩谷区代代木2-14-3 北斗第一ビル 1F 电话：+81-3-6413-8480 时间：11:00~15:00、17:00~21:00 休日：周日、假日 价格：沾面（つけめん）800日元、拉面（らーめん）750日元 网址：www.fu-unji.com

香浓红烧肉豚骨拉面
桂花拉面 新宿末广店

熊本桂花拉面是日本第一家将"角煮"（红烧五花肉）放入拉面的店，其独特的盐味白汤配上浓淡的红烧肉，吃起来各有特色却又互不冲突，滋味绝妙。此外，汤里作为配料的生高丽菜、卤蛋和脆笋片也是魅力焦点，每一样配料都能吃出拉面职人的用心。

交通：地下铁新宿三丁目站徒步2分钟 地址：新宿区新宿3-7-2 电话：+81-3-3354-4591 时间：11:00~23:15（周五到凌晨3:30、周日到22:00）价格：太肉面950日元 网址：keika-raumen.co.jp 分店：新宿、原宿、涩谷等地均有分店，可上网查询

无与伦比的鲜虾沾面
五ノ神制作所

五ノ神制作所主打料理为加入味噌的鲜虾汤头，以及使用酸甜西红柿的鲜虾西红柿汤头，搭配有弹性的特制沾面。汤底以鸡骨、猪骨长时间熬煮，再加入烤虾虾提鲜，弥漫虾子的鲜甜，难怪能获得压倒性的人气，假日用餐时间要有排队1小时的心理准备。

交通：JR、私铁、地下铁新宿站徒步4分钟，地下铁新宿三丁目站徒步3分钟 地址：涩谷区千驮谷5-33-16 电话：+81-3-5379-0203 时间：11:00~15:00、17:00~21:00，周六、日11:00~21:00 价格：鲜虾沾面（海老つけ面）750日元、鲜虾西红柿沾面（海老トマトつけ面）850日元 网址：www.facebook.com/gonokamiseisakusyo 分店：青梅市、大久保均有分店，可上网查询

文青乐活小时光

吉祥寺
KICHIJYOJI

贴近清新的自然，感受生活的温度，好日子就在不远的地方。

元祖丸メンチ

吉祥寺
サトウ
吉祥寺東急チェリーナード
電話 0422(22)3130

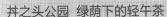

丼之头公园 绿荫下的轻午茶

吉祥寺是个充满个性的幸福小镇，车站的南北两面，展现两种完全不同的情调。公园口往丼之头公园方向，气质咖啡店与生活杂货云集，洋溢着浓得化不开的文青气息。

跟着店家走，很轻易就能漫步到丼之头公园，围绕湖水而建的公园内有2万多株樱树。春意盎然时，满树粉樱摇曳生姿，仿佛飞雪一般的花瓣落在湖面上、青草间，浪漫无限。在公园划船喝咖啡，挑些小商品，可以消磨整个下午。

小酌与串烧天国

车站北口是热闹的商店街，药妆店价格在东京是公认的划算，以至于路上每个人都是大包小包提满手。商店街旁为名叫口琴横丁的小巷弄，细如羊肠的巷子尽是关东煮、串烧等店家，和素不相识的客人挤在半露天的吧台前，一杯烧酒，2串烤鸡，庶民况味带来另一种乐趣。

●丼之头公园

交通：JR中央线、京王丼の头线吉祥寺站公园口徒步6分钟

地址：武藏野市御殿山1-18-31

电话：+81-4-2247-6900

时间：自由入园

网址：www.kensetsu.metro.tokyo.jp/seibuk/inokashira

美国妈妈的松饼香

The Original PANCAKE HOUSE

オリジナルパンケーキハウス

价格等级：☆☆　交通：JR中央线、京王井の头线吉祥寺站公园口徒步2分钟　地址：武藏野市吉祥寺南町1-7-1　丸井吉祥寺店1F　电话：+81-3-3371-5532　时间：09:00~20:00（L.O.19:15）　价格：苹果松饼（アップルパンケーキ）1750日元、Dutch Baby（ダッチベイビー）1340日元　网址：www.pancake-house.jp

❶

❶ 地道的美式松饼让店里永远座无虚席
❷ Dutch Baby软绵绵的香浓口感，越是朴实越叫人回味无穷
❸❹ 拥有60年传统的老字号早餐店

来自美国的松饼早餐专卖店The Original PANCAKE HOUSE，乘着席卷东京的松饼风潮，强势登陆吉祥寺，开业至今人潮不断，大伙心甘情愿地排队等候，就是为了品尝到最正宗的传统美式风味。

The Original PANCAKE HOUSE的本店1953年起源于俄勒冈州波特兰市，两位大厨以松软松饼赢得美国人的喜爱，一步一个脚印扩展至全国22家分店的规模。这里的松饼朴实不花哨，有着上个世纪的风格，看似平凡的松饼内容经得起时代考验，大厨从原料、酱料到打发奶油都不假手于他人，手工的滋味扎实而深入人心。

菜单内有香蕉、草莓等十几种口味的美式松饼，盛满缤纷水果的比利时松饼、法式薄松饼，以及其他咸食类的早餐选择。向往美式正宗滋味，自然不能错过手工制作的招牌美式松饼，年轻女性喜欢点洒满艳红草莓的草莓松饼，以及加入蓝莓、香蕉、草莓，还有满满鲜奶油，几乎把松饼淹没的综合松饼。酸甜莓果和松软质地一拍即合，4大片松饼的超大分量，两人分食恐怕还会有剩。

不过在这里要特别推荐传统菜单"Dutch Baby"，打破松饼的既有印象，比盘子还大的松软松饼如半熟的大蛋糕，半熔化的打发奶油流淌在酥脆表面上，看起来特别诱人。松饼外酥内软口感轻柔无比，奶香与蛋香浓得化不开，店员额外附上奶油、糖粉与柠檬搭配享用，忍不住吃到盘底朝天，留下满心的赞叹。

隐藏版神秘菜色
カッパ

价格等级： ☆ **交通：** JR中央线、京王井の头线吉祥
寺站公园口徒步2分钟 **地址：** 武藏野市吉祥寺南町
1-5-9 **电话：** +81-4-2243-7823 **时间：** 16:30~22:00
价格： 每串均价100日元

❶

❶和陌生人并肩，围着烤炉喝酒、啃肉串，别有一番乐趣
❷16：30店门刚开，居酒屋カッパ的暖帘前已经排了一长串等候的客人
❸老板对于排队、点餐到出菜方式自有一套系统
❹刚烤好的内脏串烧，香气逼人
❺热络的气氛即使是外地人也容易融入
❻胆大的人一定要挑战生猪肝

居酒屋カッパ（河童）专卖各种猪肉内脏串烧，成串鲜肉架在炭炉上猛火烧炙，蹿出浓香。围绕吧台挤满了男女老少，已经光顾数十年的大叔，慕名而来的年轻人，约会后来喝一杯小酒的年轻情侣，不同族群和目的的顾客齐聚一堂，喝烧酒、啃串烧，不亦乐乎。

菜单贴在墙上，有心脏、肝脏、猪大肠、舌头、头皮肉等部位，还有前所未见的乳房、直肠等，可选择盐味或沾酱。

在吉祥寺公园口开业40年，老板和常客发展出独特的潜规则，比如点餐用喊的方式，排队顾客先站着吃，待吧台有位再坐下。倒酒的方式也很有趣，酒杯下放着小托盘，倒满杯后突破表面张力的程度，绝不偷工减料。

各部位有的柔软，有的弹牙，浓郁的肉香被炭火激发，不需多作解释，大伙烧酒一杯接着一杯。由于是现点现烤，等候难免会花些时间，

这时会出现惊人的现象，"老板，来两串猪肝，沾酱。"客人此起彼落地叫道。只见老板直接拿起生猪肝，轻蘸一下酱汁随即送上桌。原来店里猪肝鲜度一流，竟然可以拿来生吃。

在好奇心驱使下点一串尝尝，只能说那口感像在啃果冻，鲜浓猪肝香萦绕口中，赶紧多喝两口酒压惊，但滋味确实不是盖的，只看你敢不敢尝试了。

049

烤鸡肉串飘浓香

いせや総本店 公园店

价格等级： ☆　**交通：** JR中央线、京王井の头线
吉祥寺站公园口徒步6分钟　**地址：** 武藏野市吉祥
寺南町1-15-8　**电话：** +81-4-2243-2806　**时间：**
12:00~22:00　**休日：** 周一　**价格：** 烤鸡串（烧き鸟）
一串80日元　**网址：** www.iseya-kichijoji.jp　**分店：** 吉
祥寺地区另有总本店和北口店，请参考网站信息

❶

③

②

④

❶烤炉面对公园大街，格外吸引人
❷居酒屋的气氛下，装潢却相当时尚大方
❸专注烧烤肉串的师傅
❹综合烤鸡串和鸡肉烧卖是必点菜色

烧烤的知名店铺いせや，在吉祥寺开店已经超过80年，俨然已经成为吉祥寺的地标。いせや的总店位于街巷中，随后开业的公园店因为紧邻井之头公园，可以欣赏窗外森然绿意，更受游客欢迎。

还没走到公园店口，首先就会闻到浓浓的烤鸡香，数米长的炭炉面对街道，厨师隔着玻璃帷幕专注地烧烤鸡腿、蔬菜、鸡皮、鸡心等食材，在炭火上冒着油泡的烧肉美味无须多作解释，只见路过顾客无不闻香下马，走进店里先尝为快。

いせや除了料理美味，店里气氛随性，便宜的价格也是吸引力之一。像是炭火烤鸡肉一串80日元，其他下酒小菜也一样以便宜的价格提供，配上温热烧酎或是畅快啤酒，就是充满日式居酒屋风情的愉快味觉体验。

历久不衰洋食屋
Chapeau Rouge
シャポールージュ

价格等级：☆☆ **交通：**JR中央线、京王井の头线吉祥寺站北口徒步5分钟 **地址：**武藏野市吉祥寺本町2-13-1 **电话：**+81-4-2222-4139 **时间：**11:00~16:00，17:30~22:00 **休日：**不定休 **价格：**和风汉堡排（ハンバーグステーキ）920日元、汉堡排炸虾与蟹肉可乐饼拼盘（ハンバーグ、海老フライ、カニコロッケ盛り合わせ）920日元 **网址：**www.bambi2007.jp

拥有40年历史的シャポールージュ是吉祥寺最受欢迎的老洋食屋。店内供应牛肉烩饭、和风汉堡排、空心菜卷等，传统洋食菜单有着妈妈的味道，价格也是不足1000日元，在物价飞涨的东京显得难能可贵。Chapeau Rouge的午餐为三道式，包含汤品、主餐、面包或饭，在典雅空间内品味经典洋食，丰盛摆盘和晶莹白饭，让人嘴角不自觉地上扬。

❶午餐时间须排队等候　❷炸虾定食是经典中的经典

❶如咖啡店的外观　❷野菜咖喱满足一日所需养分

丰盛的野菜咖喱
まめ蔵

价格等级：☆☆ **交通：**JR中央线、京王井の头线吉祥寺站北口徒步6分钟 **地址：**武藏野市吉祥寺本町2-18-15 **电话：**+81-4-2221-7901 **时间：**11:00~22:00（L.O.21:30） **价格：**蔬菜咖喱（やさいカレー）850日元 **网址：**r.gnavi.co.jp/p390500

多达10种以上的香料长时间熬煮的咖喱酱，在咖喱竞争激烈的吉祥寺中，稳坐人气宝座。まめ蔵十几种咖喱菜单中，像野菇咖喱、鸡肉咖喱、豆子咖喱都有死忠支持者。想要吃得健康新鲜，可以尝试使用大量蔬菜的招牌蔬菜咖喱。蔬菜的甜味配上咖喱酱的香味，并带有隐约的辣度，丰富的野菜提供一日份的纤维素和养分，吃过的人都喜爱它特殊的味道。

口琴横丁超人气小店

入口位于平和通上的口琴横丁是充满古早味的商店街，这里以饮食店居多，亦有鲜鱼蔬果店等，不乏历史悠久又受欢迎的秘密名店。

スパ吉
肉酱意大利面走天下

以"第一名的肉酱意大利面"打响口碑，就算从未品尝过スパ吉特制的肉酱意大利面，无法确定是不是世界最美味的，但从顾客满足的表情以及座无虚席的店内，依然可以看出一些端倪。

店内所有的料理都是从生面制成，口感比干燥面更多了面筋的弹性与麦粉香。招牌肉酱面耗时20小时细火熬煮，煮成极其浓郁的风味。老板建议吃的时候最好搅拌10下，充分拌匀，再撒上起司粉，在意大利面口味最美妙的黄金10分钟内享用完毕，才是品味极致的标准程序。

菜单上有许多充满创意的组合，像加入黄金泡菜的蛋黄培根面，泡菜酸香让蛋黄奶油酱更为引人入胜，另外还有明太子海胆乌贼面、熏鲑鱼水菜奶油面等，让人产生想要一再光顾，把每种口味都试过的冲动。

交通：JR中央线、京王井の头线吉祥寺站北口徒步3分钟　地址：武藏野市吉祥寺本町1-1-3　电话：+81- 4-2222-2227　时间：11:00~23:00（L.O.22:00）价格：帕梅森起司凯萨色拉（パルミジャーノチーズのシーザサラダ）420日元、 肉酱意大利面（ミートソース）930日元

松阪牛炸肉饼
SATOU さとう

　　吉祥寺肉丸名店 SATOU，从开店至今已经超过30年历史，一直都维持着高人气，从现炸肉饼、可乐饼开卖的前半小时，便已排起了需要绕弯的长长人龙。SATOU 炸肉饼受欢迎的原因很单纯却不简单，就是采用顶级松阪牛肉来制作肉丸，让看似平凡的轻便小食变得高贵又亲民，一个仅要160日元即可享用到。

交通：JR中央线、京王井の头线吉祥寺站北口徒步5分钟　地址：武藏野市吉祥寺本町1-1-8　电话：+81-4-2222-3130　时间：09:00~20:00（炸肉饼10:30~）　价格：松阪牛炸肉饼（メンチカツ）180日元，可乐饼（コロッケ）120日元　网址：www.shop-satou.com/shop01.html

冲绳风味居酒屋
おふくろ屋台1丁目1番地

　　位于口琴横丁里的这家居酒屋，提供以冲绳美食为主的日式居酒屋料理，各式下酒小菜和家常料理与啤酒等酒类很是搭配，推荐它位于顶楼的半露天座位，就好像在一般民家的公寓天台上，可以从另一种角度来感受吉祥寺的生活况味。

交通：JR中央线、京王井の头线吉祥寺站北口徒步3分钟　地址：武藏野市吉祥寺本町1-1-1　电话：+81-4-2220-9474　时间：11:30至凌晨1:00　价格：午餐500日元，晚上单点500日元

传奇的古法羊羹
小ざさ

　　和果子老铺"小ざさ"，遵守前人古法制作，"小ざさ"每天只做一锅3升的红豆，制作成每日限量150条的极品羊羹。要抢到这极品羊羹可不容易，08:30发放号码牌，10:00开店后才开放购买，每人限买5条，排队人潮从凌晨就开始出现。除了羊羹之外，日式点心"最中"（一种日本点心）也值得推荐，小ざさ的最中有红豆馅与白馅2种口味，外层包裹着一层香酥的薄饼皮，吃起来没有过分的甜腻，能品到雅致的甜蜜豆香。

交通：JR中央线、京王井の头线吉祥寺站北口徒步5分钟　地址：武藏野市吉祥寺1-1-8　电话：+81-4-2222-7230　时间：10:00~19:30（08:30开始发羊羹号码券）　休日：周二　价格：最中10个705日元，羊羹675日元　网址：www.ozasa.co.jp

小清新茶食

丼之头公园周遭的住宅区内，有许多低调可爱的咖啡店、茶饮店，精巧空间内充分展现店主人的个人品位，走入店内也仿佛走进不同空间，充满生活中的小惊喜。

庭园和风暖情调
茶席万亭

　　茶席万亭的店主人三好清明是一位日本茶道老师，30多年前，他因为喜欢吉祥寺的安静，选择在此开设日式茶屋。静谧的店内只有12个座位，却有着和茶室等大的花园，在优美的环境中细细品味抹茶与和果子，和风魅力无限。

交通：JR中央线、京王井の头线吉祥寺站徒步5分钟 地址：武藏野市吉祥寺南町1-19-19 电话：+81-4-2246-9871 时间：12:00~17:00 价格：抹茶+和果子700日元 网址：www.moyan.jp

香浓的印度好茶
Chai Break

　　稍稍远离吉祥寺热闹的街市，Chai Break开设在丼之头公园一侧，店主人对红茶的质量十分挑剔，也因为赴印度旅行时，认识了印度奶茶的美妙，进而将特殊的茶饮文化带回日本。店内也提供一些甜点或简餐，每道都是精心制作，值得细细品味。

交通：JR中央线、京王井の头线吉祥寺站南口徒步3分钟 地址：武藏野市御殿山1-3-2 电话：+81-4-2279-9071 时间：09:00~19:00，周六、周日08:00~19:00 休日：周二 价格：香料印度奶茶（スパイスチャイ）556日元，咸蛋糕（ケークサレ）262日元 网址：www.chai-break.com

舍不得入口的花式拿铁
PEOPLE & THINGS by
ShowerParty

　　拥有可爱阳台座位区的PEOPLE & THINGS by ShowerParty是家有机咖啡馆，咖啡的香醇美味自是不在话下，绝大多数客人点的都是拿铁，因为专业咖啡师会以其精湛的艺术手法在鲜奶上拉出美丽的花纹，独特的创意一端上桌就会让客人感到惊喜。

交通：JR中央线、京王井の头线吉祥寺站徒步5分钟　地址：武藏野市吉祥寺本町2-13-6　电话：+81-4-2223-8208　时间：11:30~22:30（隔天为假日至23:30）、周五、周六11:30~23:30，点餐至打烊前1小时　价格：拿铁（カフェラテ）大杯600日元、布朗尼（チョコレートブラウニー）630日元，甜点+饮品组合1050日元　网址：www.medewoanddine.jp

舍不得离开的咖啡店
お茶とお菓子 横尾

　　任何喜爱书与手作的人，一定会爱上横尾气质又有设计感的空间，木质桌椅与间接照明让店内每个角落都充满温度，点一杯暖心咖啡，配上店主手做的巧克力蛋糕点心，或者品尝铺满比内鸡碎肉的鸡肉丼饭，在宜人空间中度过优雅的午后。

交通：JR中央线、京王井の头线吉祥寺站徒步7分钟　地址：武藏野市吉祥寺本町2-18-7　电话：+81-4-2220-4034　时间：12:00~19:30　休日：周二和第3周的周一　价格：原创咖啡（オリジナルブレンド）630日元、午间套餐1200日元　网址：www.sidetail.com/cafe-index.html

暖心丰盛的庶民之味

池袋

IKEBUKURO

烧肉、拉面、炸猪排……各种气息在傍晚的街道弥漫，糅合成记忆中最温暖的味道。

深夜食堂，东京的B级美食

　　日本人把便宜大碗的拉面、炸猪排等小吃称为B级美食，而上班族与学生聚集的池袋正是B级美食的大本营，车站周遭满是廉价烧肉店、拉面店和居酒屋，以浓郁的重口味频频向路人招手。这些餐厅大多开到深夜，在寒冷的冬日，一碗热腾腾的小吃不仅暖胃，也温暖了心灵。

贪吃鬼的主题乐园

　　车站与东武和西武两大百货相连，面对着川流不息的人潮。两大百货地下美食街商品琳琅满目，尤其是19:00过后店家折价出清，正是抢便宜货品的好时机。

　　Sunshine City室内乐园NAMJA TOWN和J-WORLD TOKYO适合亲子同游。充满想象力的空间中集合饺子、甜点等主题美食，寓美食于玩乐之中，大人与小孩都痛快。

今夜，我们来点艺术

　　走出车站西口，旅馆林立的西口在白天格外安静，东京艺术剧场的玻璃帷幕闪闪发亮，外头阳光正好。走一小段路可到达自由学园明日馆，复古的白色建筑前，是茂盛的青绿草地，春季樱花满树，秋季遍地红枫，端杯咖啡静默地欣赏。此时，无声胜有声。

●NAMJA TOWN
交通：JR、私铁、地下铁各线池袋站徒步8分钟，地下铁有乐町线东池袋站徒步3分钟
地址：丰岛区东池袋3-1 太阳城World Import Mart大楼 2F NAMJA TOWN内
电话：+81-3- 5950-0765
时间：10:00~22:00（入园至21:00）
价格：入场费500日元
网址：www.namja.jp
●J-WORLD TOKYO
交通：JR、私铁、地下铁各线池袋站徒步8分钟，地下铁有乐町线东池袋站徒步3分钟
地址：Sunshine City太阳城World Import Mart大楼 3F
电话：+81-3-5950-2181
时间：10:00~22:00（入园至21:00）
价格：入场费1300日元
网址：www.namco.co.jp/tp/j-world

吟味往昔生活

自由学园 明日馆

价格等级： ☆ **交通：** JR、私铁、地下铁各线池袋站徒步8分钟 **地址：** 丰岛区西池袋2-31-3 **电话：** +81-3-3971-7535 **时间：** 10:00~16:00，周六、周日10:00~17:00；每月第3个周五开放夜间见学18:00~21:00（入馆至闭馆前30分钟）

休日： 周一 **价格：** 入场400日元，入场+吃茶600日元，入场+酒饮1000日元（夜间参观限定） **网址：** www.jiyu.jp

注意事项： 馆内参观范围常有所限定，出发前请登录官网确认

❶

❶一杯咖啡与一块蛋糕，让时光停驻在过去
❷礼堂格局宽阔，气氛庄严
❸在清一色的现代建筑中，明日馆绿顶白墙的建筑相当引人注目
❹明日馆面对着青青绿地，四周绿树围绕
❺学生食堂内摆放着过去使用桌椅的复刻版，馆内还有贩卖古董灯具和家具的店

建于1921年的自由学园明日馆，是美国建筑大师莱特（Frank Loyd Wright）的作品。绿顶白梁的典雅建筑，经历关东大地震和第二次世界大战的空袭，仍然屹立不摇。建筑物刻意压低高度，呼应当时四周一望无际的环境，素朴简单的外形在现今的住宅区里，和邻近建筑之间和谐共存。时至今日，在清一色的水泥丛林中，复古典雅的自由学园明日馆成为建筑爱好者专程造访的目标。

1934年自由学园从池袋迁移至南泽，明日馆成为毕业生的活动场地，后于1997年被指定为国家重要文化遗产，开放给一般民众。

参观自由学园可选择购买入场+吃茶券，可以到有大扇窗户的大厅去换一杯咖啡，还可以选一样小点心。一边啜饮咖啡，一边欣赏大厅采纳的天光柱影，在古老铺木地面刻画出优美的几何图形。每月第3周的周五，馆内还会开放夜间参观。此时，搭配饮料从咖啡变成了一杯酒，幽黄灯光笼罩馆内，气氛迷蒙梦幻，仿佛回到了大正时代的浪漫岁月中。

自由学园明日馆优美的建筑时常出借给机关团体包场，或者作为婚宴使用。官方网站上有相关设施开放情报，动身前最好事先查明，才不会遇上因外借而无法参观的状况。

炸肉排滋味浓厚

粉红色的鲜嫩猪排

寿寿屋

寿々屋

价格等级：☆☆ 交通：JR、私铁各线池袋站徒步5分钟、地下铁各线池袋站徒步3分钟 地址：丰岛区西池袋1-38-3 电话：+81-3-3982-1681 时间：17:00~23:00 休日：周一 价格：里脊定食（ロースかつ定食）1450日元、肉排定食（メンチかつ定食）1450日元

池袋西口旅馆区，有一家只在傍晚营业的猪排店，木质大门简洁低调，高雅得与周遭有些格格不入。

寿寿屋开业将近60个年头。猪排面衣颜色偏深，恰到好处的柔软度与弹牙肉质和酥脆外皮谱成和谐口感。人气菜色包括里脊肉、上里脊、腰内肉、炸虾等，而老板特制的绞肉排（メンチかつ）酥炸外皮内是满溢的肉汁，淡淡的胡椒味刺激食欲，让人忍不住将晶莹饱满的白米饭塞入嘴里，一口接着一口。

"还要再多吃点高丽菜丝吗？""再添碗白饭吧？"老板忙着炸猪排，还不忘关怀顾客，亲切的寒暄，如今在东京市区显得难能可贵，传承一甲子的好味道，带来暖心又饱腹的幸福感。

夏威夷清爽拉面

面屋Hulu-lu

フルル

价格等级：☆ 交通：JR、私铁各线池袋站徒步10分钟，地下铁各线池袋站徒步6分钟 地址：丰岛区池袋2-60-7 电话：+81-3-3983-6455 时间：11:30~15:00、18:00~21:00（卖完为止），周日、假日11:30~15:30 休日：周二 价格：酱油拉面与餐肉饭团套餐（酱油SOBAスパムセット）960日元 网址：www.hulu-lu.com

❶

❷

❸

❶各种五彩缤纷的夏威夷装饰品
❷❸店里呈现浓浓的海岛风情，和一般拉面店给人的感觉大不相同
❹师傅在眼前细心地准备各种料理
❺以鸡骨和多种蔬菜为底的招牌拉面

当椰影婆娑、蓝天碧海的夏威夷遇上日本拉面，会引爆怎样的火花？创新概念的拉面店面屋Hulu-lu将夏威夷风情融入拉面中，清爽汤头与创意食材，成为东京年轻人的新宠儿，虽然离池袋车站有些距离，依然无法阻挡顾客的热情，还没营业就涌现排队人潮。

椰子树与小装饰将店里点缀得满是夏威夷风情，尤克里里的音乐轻柔流泻，洋溢自在的海岛气息。初次来到Hulu-lu的客人，可以从招牌酱油拉面点起。虽然是以酱油为底，却不会过于咸腻，反而更贴近淡雅的盐味拉面。汤底以吉备黑鸡、全鸡、多种蔬菜熬煮浓缩而成，面体则使用夏威夷的水，做成具有弹性的细面。拉面排放笋干与叉烧，加入一匙肉末、葱花，最顶端再放一把萝卜苗，光配色就让人眼睛一亮。新鲜蔬菜降低鸡汁汤头的油腻感，而叉烧调整为薄盐口味，爽口的总体风味犹如夏日海风，清新、宜人，引人入胜。

Hulu-lu的特制饭团是除了拉面之外必点的单品，白饭上盛放0.5厘米厚的餐肉，加上紫苏叶捏成饭团，趁热吃最美味，而带些刺激感的紫苏香气更使饭团大大加分。老板在固定餐点之外，会推出每日特制拉面，像是鲑鱼罗勒凉面、味噌拉面、加上生火腿的意式冷拉面等，期待每天的变化成为顾客一再光顾的动机。

无可取代的超值饱足

超值小吃店不约而同聚集在池袋车站，便宜且大碗之外还蕴含着师傅款待顾客的心意，虽然店面陈旧了点，摆盘粗鲁了些，人情味让小吃变得更丰富。

难以匹敌的豚骨汤头
无敌家

提到无敌家，就不能不提到其用大火熬煮出来的浓郁豚骨汤头与实在的配料。再配上餐桌上的无臭大蒜，使无敌家的拉面口味真的变得无敌，是别处吃不到的滋味，店门口无论何时总是大排长龙。

交通：JR、地下铁、私铁各线池袋站东口徒步3分钟 地址：丰岛区南池袋1-17-1 电话：+81-3-3982-7656 时间：10:30至凌晨4:00 价格：拳骨拉面（げんこつ）700日元 网址：www.mutekiya.com

朝圣经典九州岛豚骨拉面
一风堂

提供正宗九州岛豚骨拉面的一风堂来自九州岛福冈，其汤头又浓又醇，不但没有猪骨的腥味，配上独门特调味噌辣酱的汤头让人一尝上瘾，喜欢浓厚口味的人一定会爱上。

交通：JR、地下铁、私铁各线池袋站东口徒步5分钟 地址：丰岛区南池袋2-26-9 电话：+81-3-6907-8305 时间：周一—周四、周日11:00至凌晨2:00，周五、周六、假日前一日11:00至凌晨3:00 价格：白丸元味750日元 网址：www.ippudo.com 分店：六本木、新宿、吉祥寺等地均有分店，请参考网站信息

24小时寿司直送
すしまみれ

每天从筑地进货，选择物美价廉的鲜鱼海产做成寿司。由于位于池袋西口的美食激战区，寿司自然是实惠又大碗，午餐散寿司只要850日元，握寿司套餐也只要980日元。

交通：JR、地下铁、私铁各线池袋站西口、北口徒步2分钟 地址：丰岛区西池袋1-21-13 电话：+81-3-5953-0737 时间：24小时 价格：午餐散寿司850日元 网址：www.shop-act.com 分店：新宿与新桥均有分店，请参考网站信息

池袋拉面的王道
光面本店

　　名声传遍整个日本的光面，就是从池袋发迹后成名的。走豚骨酱油风的汤头浓而不腻，十分受当地上班族青睐，冬天里，热腾腾地来上一碗十分享受，就算在炎热的天气吃起来也十分舒服。而招牌的沾面也是许多人推荐的必点美食，如果结伴同行的话，可以一人点拉面，一人点沾面，分食品尝。

交通：JR、地下铁、私铁各线池袋站东口徒步3分
地址：丰岛区南池袋1-18-22 1—2F 电话：+81-3-3971-3008 时间：周一、周二、周日10:00~23:45（L.O.23:30），周二—周六10:00至凌晨2:00 价格：熟成光面760日元，坦々面910日元 网址：www.kohmen.com 分店：池袋西口、原宿、新宿、上野等地均有分店，请参考网站信息

用筷子吃法式料理
Marguerite

　　在平价的池袋想要小小奢侈一下，Marguerite是少数的正统法国料理。最特别的就是使用筷子用餐的方式，可以在充满艺术的气氛中享用Marguerite独创的法式大餐和葡萄酒。

交通：JR、地下铁、私铁各线池袋站东口徒步3分钟
地址：丰岛区南池袋2-27-2 B1 电话：+81-3-3985-6779 时间：11:30~14:30，17:30~22:00，周日、假日至21:30 休日：周一 价格：午间套餐1800日元、晚间套餐4900日元 网址：restaurant-marguerite.com

站着吃最划算
鱼がし 日本—— 立喰寿司

　　想要用便宜的价钱品尝美味寿司，不妨尝试这家立食寿司店。师傅的手艺可不会因为立食而马虎，每贯寿司都是在顾客眼前新鲜现做，漂亮地呈放在新鲜竹叶上。价钱从一个握寿司75日元起，公平合理。

交通：JR、地下铁、私铁各线池袋站西口徒步3分钟 地址：丰岛区西池袋1-35-1 电话：+81-3-5928-1197 时间：11:00~23:00，周日、假日11:00~22:00 价格：握寿司75日元（一次至少点2个） 网址：www.susinippan.co.jp 分店：池袋东口、涩谷、秋叶原、中野等地均有分店，请参考网站信息

生活与甜点完美结合

自由之丘
JIYUGAOKA

踩着午后阳光，跟着咖啡香气，寻觅对生活的美丽憧憬。

慵懒的欧风早午餐

位于郊区的自由之丘,完全感受不到东京市区的压迫与繁忙,取而代之的是温柔洒卜的金黄色阳光,还有闲适愉快的气息。咖啡店提供丰盛的早午餐,美式班尼狄克蛋与松饼,英式全套早餐,还有法式吐司三明治等,让舒爽清新的早晨时光延续。

漫步路地里,幸福小发现

住宅院落里盛开的花朵,路过的野猫们,都成为漫步的小惊喜。幸运的话,还能遇到隐藏在巷子里的熊野神社,朱红色庙宇优美祥和,庙里贩卖可爱的青蛙御守,保护旅途平安顺利!

甜点的异想世界

与街道上的悠闲欧风相符,五花八门的甜点店不约而同在自由之丘集合。除了知名师傅的蛋糕坊,还有瑞士卷、蔬菜点心等各种主题甜点专卖店。有些名店刻意避开热闹街区,虽然需要花些时间寻觅,但对爱吃甜食的蚂蚁们来说,能品尝到世界级的甜点,一切都是值得的。

● 熊野神社

交通:东急东横线、大井町线自由が丘站正面口徒步5分钟
地址:目黑区自由が丘1-24-12
电话:+81-3-3717-7720
时间:自由参拜
价格:各式御守500日元
网址:www.kumano-jinja.or.jp

幸福法式轻酒馆
Kurage-store
クラゲストア

价格等级：☆☆ 交通：东急东横线、大井町线自由が丘
站正面口徒步4分钟 地址：目黑区自由が丘2-8-6 电话：
+81-3-5869-2795 时间：09:00~11:00（L.O. 10:30，周
二、周四不供应早餐）、11:30~18:00（L.O.17:30）、
18:00~24:00（L.O.23:00） 价格：季节限定可丽饼1200
日元、咸可丽饼套餐（Galette Lunch）1500日元、晚间
套餐4000日元

①

❶咸口味的可丽饼是来自法国西北部布列塔尼的特色料理　❷餐厅分成室内与户外两区
❸午间前菜包含库斯库斯沙拉、大蒜冷汤，以及鸡肉镶野菜　❹结合服饰、杂货与花店，菜单也充满手作感
❺鲜花杂货围绕四周，让用餐心情也跟着愉快起来

淋上糖渍柳橙饱吸汤汁的甜可丽饼，堆满青绿沙拉和火腿，色泽鲜艳的咸可丽饼，Kurage-store以独创的法式甜品轻食，带来满心幸福感。

这家结合服饰、花卉与餐厅的独特店家，为自由之丘迎入自在写意的法式生活步调，设计师服饰与鲜花围绕着座席，座位以落地玻璃区分为室内与室外，天气晴朗的午后，露台成为最受欢迎的选项，四周绿意满目，迎着凉风品尝欧风小点，惬意不在话下。

Kurage-store的餐厅定位为法式轻酒馆，早餐是精致实惠的自助餐，下午现做可丽饼甜香萦绕，柔软轻盈的

饼皮和不同口味水果酱料完美搭配。

午间套餐大约1500日元的价位，可以品尝到前菜、汤品、主餐和甜点等丰盛内容，搭配饮料除了咖啡红茶，还可以选择苹果酒，甚至加点费用，即可有3杯配酒，美酒佳肴，让人从中午就开始微醺。

许多顾客因可丽饼慕名而来，其实肉类和海鲜等套餐也经过精心设计，特别是晚餐准备了完整的前菜、温前菜、主餐、海鲜等选择，主厨以日本产的鸡肉、三元豚等食材烹调成法式菜色，和餐厅丰富的酒藏一拍即合，尤其是店里轻松的气氛不需正襟危坐，更能享受餐点与酒饮的美好。

入口即化的班尼迪克蛋

BAKE SHOP

自由が丘ベイクショップ

价格等级：☆☆　交通：东急东横线、大井町线自由が丘站正面口徒步4分钟　地址：目黑区自由が丘2-16-29 IDEE SHOP Jiyugaoka 4F　电话：+81-3-3723-2040　时间：10:30～20:00，周六、周日、假日09:30～22:00　价格：拿铁650日元、班尼迪克蛋1650日元　网址：www.bakeshop.jp

❶ 班尼狄克蛋有火腿、熏鲑鱼等选
择，与芝麻叶和紫甘蓝搭配，爽
口不腻

❷ 半开放式厨房散发自然乡村风

❸ 店内的桌椅和小物都是来自IDEE
SHOP的商品

❹ 墙面随兴地贴着杂志剪报，画上
美式风格涂鸦

❺ 奶泡绵密的拿铁咖啡

BAKE

SHOP是自由之丘知名杂货店"IDEE SHOP"的烘焙店，位于商场4楼。面包师傅每天新鲜制作各种口味的面包，欧洲的棒子和坚果面包，美式家庭风的磅蛋糕、手工饼干和南瓜蛋糕，以及在软面包上放满起司火腿的日式面包，种类多样，看起来都美味极了。

明亮轻快的店内点缀着绿意和可爱杂货，墙上则为漫画风的壁画，感觉就像置身于美国加利福尼亚州的咖啡店中。餐厅提供有别于烘焙坊的轻食餐点，现今东京最流行的班尼狄克蛋是店里的招牌，由于是现点现做，因此需要花点时间等待。松脆思康饼盛着2颗滑溜的水波蛋，再淋上浓稠艳黄的荷兰酱，最上层一个放酥脆培根和紫甘蓝，另一个放熏鲑鱼与芝麻叶，流淌的蛋黄和酱汁被思康饼吸收，浓得化不开的蛋香中，带有柠檬的清新气息，加上熏鲑鱼和脆培根，一个浓郁一个香鲜的比例平衡，让看似简单的餐点变得充满深度。如此奢华的味觉享受，再怎么有自制力的人也忍不住要赞叹出声。

吐司面包盒将厚片吐司挖空，倒入鲜奶油、蛋液和起司混合，口味有鲜蔬、西红柿等选择，像是在吃法式咸派，而又多了吐司的焦香。甜点有法式吐司，还有叶片形状的苹果派，膨松饼皮一咬即碎，里头夹着煮到焦糖化的苹果，让人难以抵挡。

新鲜蔬菜做甜点
manger sasa
マンジェ・ササ

价格等级：☆ 交通：东急东横线、大井町线自由が丘站
南口徒步8分钟 地址：世田谷区奥泽5-37-9 武藏工业会馆
1F 电话：+81-3-5483-0234 时间：10:00~20:00 价格：茗荷
葡萄柚蛋糕（みょうがとグレープフルーツ）450日元、
菠菜醋栗蛋糕（ほうれんそうカシス）440日元、松饼
（パンケーキフルッタ）980日元 网址：m-sasa.com
分店：本店位于高知县，丸之内另有专门外带的分店，请
参考网站信息

❶加入起司的西红柿松饼，让不爱吃甜食的人也迷恋上酸甜滋味
❷各种蔬菜与四国岛特色水果做成果冻、饼干等伴手礼

manger sasa是高知县出身的甜点主厨笹垣朋幸所打造的品牌，冷藏柜里摆放蛋糕、果冻、马卡龙等色彩缤纷的甜点，乍看与一般蛋糕店无异，然而仔细一瞧，才发现原来里头竟然都加入了蔬菜，每种都是前所未见的口味。

笹垣主厨使用高知农家生产的优质疏果，融入精美可口的法式甜点中，蔬菜带来一般甜点所没有的鲜味与苦味，让甜点风味显得更加立体。manger sasa最让人佩服之处，在于主厨的蔬菜搭配总能带来美味的想象，像是以轻奶酪为基底的茗荷葡萄柚蛋糕，酸甜葡萄柚借由姜味与奶酪，引出无与伦比的清爽好味道。特制松饼在面团中加入西红柿泥与打发蛋白，口感松软绵密，搭配5种西红柿以及马滋卡朋起司鲜奶油，不仅前所未见，口味更是爽口好吃得惊人，不远千里也值得一尝。

恬静日式老宅院

古桑庵

价格等级： ☆　**交通：** 东急东横线、大井町线自由が丘站正面口徒步5分钟　**地址：** 目黑区自由が丘1-24-23　**电话：** +81-3-3718-4203　**时间：** 11:00~18:30　**休日：** 周三　**价格：** 古桑庵抹茶白玉汤圆（古桑庵风抹茶白玉ぜんざい）900日元　**网址：** kosoan.co.jp

❶ 红豆蜜加入新鲜水果中和甜度
❷ 古色古香的老宅茶馆
❸ 抹茶红豆白玉茶香浓厚，滋味无穷
❹ 日式小物随意穿插在空间中

相较于多数提供西式甜点的咖啡店，建于大正时代的老屋吃茶店"古桑庵"，可以说是自由之丘最特别的风景之一。沿着石子小径往内部走去，午后的阳光透过绿树，摇晃出水波般的灿烂光影；以古老桑树建成的木造日式建筑，透露着怀旧的舒适气氛。

古桑庵的主人是人偶创作者渡边芙久子，她将私宅开放为咖啡店，同时展示她的日本人偶作品。店内提供几样简单的日式甜点，招牌的抹茶红豆白玉和水果红豆蜜香甜细腻，口感和味觉平衡得恰到好处。在榻榻米的座席上看着庭院风景，细尝甜品，感受抹茶芬芳，正是充满日式气氛的美好午后。

经典人气果子店

历久不衰的人气糕点店是甜食党心中的胜地。和果子、法式蛋糕、日式茶屋……令人目不暇接的组合吸引目光，带来甜入心的味觉享受。

 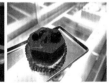

蒙布朗创始店
MONT–BLANC

　　MONT–BLANC 开创于1933年，结合日本口味与西洋做法的栗子蛋糕"蒙布朗"，便是发源于此，来店里当然一定要尝尝这道招牌甜品。海绵蛋糕包入栗子，加入鲜奶油，并以黄色栗子奶油勾勒出细致线条。承袭70年前的做法制作出来的蛋糕，甜蜜之中还带有淡淡的怀旧滋味。

交通：东急东横线、大井町线自由が丘站北口徒步2分钟　地址：目黑区自由が丘1-29-3　电话：+81-3-3723-1181　时间：10:00~19:00　价格：蒙布朗（モンブラン）440日元　网址：mont-blanc.jp

蛋糕界新宠儿
m.koide

　　2011年开业的m.koide，小小的店面大约只售卖10种蛋糕，每一种都看起来精致美味。若犹豫不决，那就点个招牌的黑加仑慕斯蛋糕。外层黑加仑慕斯的微酸，与里头香草慕斯的香甜形成完美的均衡，随着绵滑细致的口感在口中回荡。

交通：东急东横线、大井町线自由が丘站南口徒步6分钟　地址：世田谷区奥沢6-32-9　电话：+81-3-5758-0515　时间：11:00~20:00，周六12:00~20:00，周日12:00~19:00　休日：周一、周二　价格：黑醋栗慕斯蛋糕（ムース・カシス）480日元，柠檬欧培拉（オペラ・シトロン）460日元

松软瑞士卷的专卖店
自由が丘ロール屋

　　由日本知名的蛋糕师辻口博启所开设的自由が丘ロール屋，是蛋糕师傅的梦想之店，也是世界第一家专卖瑞士卷的蛋糕店。蛋糕体选用新鲜的鸡蛋和奶油做成，口味除了原味外，依季节和主厨的创意，时常有限定款推出。细致柔软的蛋糕体、新鲜芳醇的鲜奶油加上各种素材的香甜原味，堪称绝配。

交通：东急东横线、大井町线自由が丘站正面口徒步8分钟　地址：目黑区自由が丘1-23-2　电话：+81-3-3725-3055　时间：11:00~19:00　休日：周三，每月第3个周二　价格：瑞士卷1片420日元　网址：www.jiyugaoka-rollya.jp　注意事项：只提供外带

法式糕点大师
patisserie Paris S'eveille

　　甜点大师金子美明从15岁开始便专心致志于甜点之路，1999年赴法研修传统法国甜点，归国后便在自由之丘开设了patisserie Paris S'eveille。挟带精湛手艺与诱人口味，从开业之初即拥有高度人气。首次来访的人推荐带着香橙风味的巧克力蛋糕Monsieur Arnaud，或是有无花果与香橙搭配的酸甜蛋糕Fig Orange，巧克力与水果形成的绝妙滋味，保证让人欲罢不能。

交通：东急东横线、大井町线自由が丘站徒步3分钟 地址：目黑区自由が丘2-14-5 电话：+81-3-5731-3230 时间：10:00~20:00 价格：Monsieur Arnaud（ムッシュアルノー）525日元 网址：www.moyan.jp

口味丰富的最中点心
蜂の家

　　蜂の家是东京本地的和果子品牌，都内共有9处店面，其中位于自由之丘主要道路交叉点的店铺正是本店。蜂の家最有名的商品就是有着蚕茧形状的蚕茧最中(まゆ最中)，共有红豆、柚子、黑糖等5种口味，绵密的最中外皮搭配甜蜜内馅，还依照口味调整最中本身的颜色，雅致讨喜。

交通：东急东横线、大井町线自由が丘站正面口徒步4分钟 地址：目黑区自由が丘2-10-6 电话：+81-3-3717-7367 时间：09:30~20:00 价格：蚕茧最中（まゆ最中）10个1080日元 网址：www.hachinoya.co.jp 分店：自由之丘为本店、涩谷、东京、品川等地均有分店，请参考网站信息

辻口博启的大师手艺
Mont St. Clair

　　Mont St. Clair和自由が丘ロール屋一样，是由糕点师傅辻口博启所提案的蛋糕店，开店之后一直是自由之丘最受欢迎的甜点店之一。店内的甜点种类维持在150种以上，蛋糕不但造型美丽、口味细致优雅，还常使用当季新鲜水果做出创意新品。另有巧克力冷藏专卖区和手制饼干等各式点心。

交通：东急东横线自由が丘站正面口徒步11分钟 地址：目黑区自由が丘2-22-4 电话：+81-3-3718-5200 时间：11:00~19:00 休息：周三 价格：蒙布朗420日元、覆盆子饼420日元 网址：www.ms-clair.co.jp

传递甜蜜的甜点森林
自由が丘Sweets Forest

　　自由之丘甜点之森是日本第一座以甜点为主题的美食乐园。园内分为2部分，包括2层的甜蜜森林区和1层、3层的精选店家区；粉红色的甜蜜森林就像童话般，带有甜甜的味道，森林中的店铺，部分会有所变动，让顾客每次来都能够品尝到新口味。

交通：东急东横线自由が丘站南口徒步5分钟 地址：目黑区が丘2-25-7ラ・クール1~3F 电话：+81-3-5731-6600，依店铺而异 时间：10:00~20:00，依店铺而异 休日：周一 网址：www.sweets-forest.com

以当代艺术佐餐

六本木
ROPPONGI

艺术重香吹过东京新城，有质感地生活在地面，也在云端。

今夜，我们来点艺术

六本木Hills的森美术馆、Midtown内的SUNTORY美术馆以及国立新美术馆，3家重量级的美术馆被誉为"艺术金三角"。美术馆内不仅展示精彩，餐厅也是让人齿颊生香，看艺术、享美味，视觉与味觉都得到了满足。

时尚新城，聚焦话题名厨

世界名厨不约而同聚集在六本木商圈，时尚法式料理，与摩登风格的天妇罗店并驱争先，还有甜点名厨的专门店，什么叫世界级的美味，走一趟六本木Hills和东京Midtown就知道。

垂直旅行，漫步在云端

尽管高层建筑如雨后春笋般冒出东京天际线，许多情侣最爱的观景地点始终是森大楼。它或许不是最高的，却拥有欣赏东京铁塔与晴空塔的最美角度。傍晚时分，携手在Sky Deck看夕阳没入地平线，再到展望室品尝晚餐或点杯小酒，凝望闪烁东京夜景，而夜间开放的森美术馆，让艺术融入这独特的云端飨宴中，直到深夜。

● SUNTORY美术馆

交通：地下铁日比谷线、都营大江户线六本木站徒步5分钟

地址：港区赤坂9-7-4 Tokyo Midtown Galleria 3F

电话：+81-3-3479-8600

时间：10:00~18:00，周五、周六10:00~20:00（入馆至19:30）

休日：周二

价格：依展览而异，初中生以下免费

网址：www.suntory.co.jp/sma

● 森美术馆

交通：地下铁日比谷线六本木站直达，大江户线六本木站徒步4分钟

地址：港区六本木6-10-1六本木Hills MORI TOWER 53F

电话：+81-3-5777-8600

时间：10:00~22:00，周二10:00~17:00（入馆至闭馆前30分）

价格：依展览而异

网址：www.mori.art.museum

注意事项：2015年1月5日至2015年4月24日将闭馆整修

● 国立新美术馆

交通：地下铁千代田线乃木坂站徒步5分钟

地址：港区六本木7-22-2

电话：+81-3-5777-8600

时间：10:00~18:00，展览期间周五10:00~20:00（入馆至闭馆前30分钟）

休日：周二

价格：依展览而异

网址：www.nact.jp

与时尚画上等号

Salon de Thé ROND

サロン・ド・テ・ロンド

价格等级：☆☆☆ 交通：地下铁千代田线乃木坂站徒步5分钟 地址：港区六本木7-22-2 国立新美术馆 2F 电话：+81-3-5770-8162 时间：11:00~18:00，周五至20:00 休日：周二 价格：蛋糕+咖啡或红茶（ケーキセット）1000日元，三明治+咖啡或汤1000日元 网址：www.hiramatsu.co.jp/cafe/nacc/rond.html

❶在主厨精心设计下，甜点也变成一种艺术　❷充满开放感的用餐环境，成为整体设计的一部分

由鼎鼎大名的黑川纪章所设计的国立新美术馆，有着由一片片玻璃组合成的犹如波浪般的外墙，完美诠释了与周边森林共生共存的意象概念。

位于国立新美术馆巨型圆锥上的Salon de Thé ROND，是由美术馆与世界知名时尚杂志Vogue一同合作的咖啡厅。

店内不定期配合美术馆展览，推出特别茶点组。如2014年的奥赛美术馆特展，就搭配推出法式巧克力蛋糕欧培拉与芒果冰砂，浓郁的巧克力以柑橘添香，从色彩和风味呼应展示作品。

店内随时提供将近10种蛋糕，美丽的盛盘，搭配上香醇的红茶，只要1000日元就能享受视觉与味觉的艺术盛宴。另外也提供新鲜三明治、汤品，同样可饱足一餐。

在盘上品味名画
Brasserie Paul Bocuse
Le Musée
ブラッスリーポール・ボキューズミュゼ

价格等级：☆ ☆☆ **交通：**地下铁千代田线乃木坂站徒步5分钟 **地址：**港区六本木7-22-2 国立新美术馆 3F **电话：**+81-3-5770-8161 **时间：**午餐11:00~16:00、晚餐16:00~21:00（L.O. 19:30），周五晚餐16:00~22:00（L.O. 20:30） **休日：**周二 **价格：**午间套餐2000日元、晚间套餐3500日元 **网址：**www.paulbocuse.jp/musee

❶在美术馆享用美食，更有艺术气质 ❷正宗法式轻滋味，适合无拘束地享用

位于国立新美术馆里倒圆锥体顶端的Brasserie Paul Bocuse Le Musée，是米其林三星名厨保罗·博库斯开设的。虽然是来自地主国的正统法式餐厅，但在店里不需要正襟危坐。主厨希望客人能够自在地聊天、享用料理，就像艺术一样，让法式美食也能融入生活之中。从餐点的价钱也可以感受到这份用心，2000日元起的午间套餐几乎是其他餐厅的半价，也难怪每天不到中午就有很多人在外排队等候。

餐厅料理堪称是艺术与食材的结合，主厨的匠心和创意从季节菜单中可见一斑。季节菜色搭配美术馆特展，从知名艺术品中迸发灵感。如赛尚的静物画变成煎鹅肝佐苹果李子泥与波特酒酱汁，充满秋季的丰饶感。名画《维纳斯的诞生》被演绎成糖渍蜜桃佐香草冰激凌，借由盘中雪白甜美的食材，呈现出如女神般纯洁无瑕的风采。

同时享受艺术与夜景
MADO LOUNGE
マドラウンジ

价格等级：午餐☆☆、晚餐☆☆☆☆ **交通**：地下铁日比谷线六本木站直达，大江户线六本木站徒步4分钟 **地址**：港区六本木6-10-1六本木Hills Mori Tower 52F TOKYO CITY VIEW内 **电话**：+81-3-3470-0052 **时间**：11:00~17:00（L.O. 16:30）、18:00~25:00（L.O. 24:00），周日至23:00（L.O. 23:30）**价格**：午间意大利面套餐（パスタランチ）1950日元、晚间季节套餐8640日元 **网址**：www.ma-do.jp

②③
④⑤

❶海鲜与蔬菜交织成季节独有的美味
❷犹如图书馆一般的餐厅设计
❸套餐2000日元起，气氛绝佳，价格合理不贵
❹将东京铁塔和晴空塔纳入美酒佳肴中
❺午间意大利面套餐由主厨配合季节设计

海拔250米的高处，透过高达11米的落地窗，东京全景以360度绚丽之姿在脚下无限延伸。TOKYO CITY VIEW可以说是东京最浪漫的展望台，艳红的东京铁塔与晴空塔矗立在眼前，与闪耀动人的都会区相互借景。

MADO LOUNGE与TOKYO CITY VIEW同样位于52楼的高空，MADO LOUNGE以日文的"窗户"读音为名，大面积落地窗让景色一览无余，仿佛伸手可及。最抢手的莫过于面对着东京铁塔的座位。日落时分，东京铁塔绽放出璀璨光芒，景色之美引来众人的阵阵惊叹。

餐厅内提供豪华的意大利料理，主厨利用季节食材发挥创意，甚至运用分子厨艺等手法，为餐点增添惊喜。此外，展望台与53楼的森美术馆会依不同展览与餐厅合作，共同推出限定套餐和调酒。参观完展览后，可以坐下来慢慢回味，从盘中佳肴得到更多感动。

MADO LOUNGE还有一个特色，就是营业时间到凌晨1点，恋人们可以利用下班时间点杯小酒，沉浸在漫漫长夜中。餐厅有丰富的酒类收藏，鸡尾酒更有200种选择，从中午到夜晚，不同风情的东京让人百看不厌，美食佐得景，感受独一无二的璀璨东京。

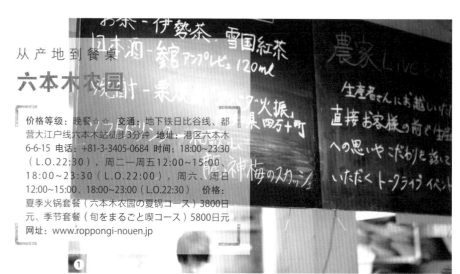

从产地到餐桌

六本木农园

价格等级：晚餐☆☆　交通：地下铁日比谷线、都营大江户线六本木站徒步3分钟　地址：港区六本木6-6-15　电话：+81-3-3405-0684　时间：18:00～23:30（L.O.22:30），周二—周五12:00～15:00、18:00～23:30（L.O.22:00），周六、周日12:00～15:00、18:00～23:00（L.O.22:30）　价格：夏季火锅套餐（六本木农园の夏锅コース）3800日元、季节套餐（旬をまるごと喫コース）5800日元　网址：www.roppongi-nouen.jp

❶黑板上标示产地特色的菜肴和酒类　❷厨师在厨房忙碌的身影　❸灯光设计让店里洋溢小酒馆的氛围　❹❺在时尚空间中享用料理和美酒

六本木农园是一家结合餐厅、农事学习与体验、经验交流的全方位农业体验空间。除了可以吃到来自日本各地友善土地的农友所植育出来的农畜产品，更试图让都市人回归土地，学习关于友善耕作的精神。设计菜单的主厨是农家出身，酒保是农家子弟，菜单上印着提供盘中飨的农友简介，吃进肚子里的都是带有土地情感的料理，分外有滋味。

献给将军的手打荞麦面
永坂更科布屋太兵卫

> 价格等级：☆☆ 交通：地下铁南北线、都营大江户线麻布十番站徒步2分钟 地址：港区麻布十番1-8-7 电话：+81-3-3585-1676 时间：11:00~21:30（L.O.21:00） 价格：御前荞麦面（御前そば）860日元，大炸虾荞麦面（大海老天ぷらそば）2600日元 网址：www.nagasakasarasina.co.jp

位于麻布十番的荞麦面老铺永坂更科布屋太兵卫创业于宽政元年，经营的历史已经超过200年，曾经进奉给德川将军，是经过历史考验的御用美味。坚持只使用荞麦粒的蕊心磨成粉后手工制成，纤细淡薄的优雅口味充满深度，店家一并提供甜味以及辣味两种不同的沾酱，并且附赠煮荞麦面的面汤。

❶绿茶荞麦面适合夏日享用
❷套餐甜点也是由师傅手制
❸清爽中享受天妇罗荞麦面的海鲜风味

❶明黄色的餐厅色系，带来乡村情调 ❷菊地主厨拥有米其林一星光环 ❸料理精致可口，足见师傅的真功夫

勃艮第美酒佐餐
LE BOURGUIGNON
ル・ブルギニオン

> 价格等级：☆☆☆ 交通：地下铁日比谷线、都营大江户线六本木站徒步7分钟 地址：港区西麻布3-3-1 电话：+81-3-5772-6244 时间：11:30~15:30（L.O.13:00）、18:00~23:30（L.O.21:00） 休日：周三、每月第2个周二 价格：午间套餐2500日元、晚间套餐5500日元 网址：le-bourguignon.jp

"LE BOURGUIGNON"位于六本木Hills斜对角，餐厅外是个绿意盎然的庭园，内部则以黄色系带出温暖的感觉。菊地主厨擅长使用当季美味，内脏料理是本店的特色，将牛心、猪脑等配合大量蔬菜烹调，让向来有点惧怕内脏料理的日本人也能甘之如饴。

六本木Hills、东京Midtown名厨餐厅

各地名厨汇集在东京时尚地标六本木Hills与东京Midtown，从法式、日式到甜点，各领域的主厨们大展身手，带来世界级的美味。

| Joël Robuchon | 米其林王牌主厨

L'ATELIER de Joel Robuchon

Joël Robuchon在39岁时就获得米其林三星，是史上最短时间夺得此荣耀的天才料理家。Joël Robuchon的法式料理带有纤细的美感，擅长利用简单素材创造出令人惊艳的佳肴。除主餐外，法式蛋糕等甜点也十分受欢迎，将法国料理的全套精神完整发挥。

交通：地下铁日比谷线六本木站直达，大江户线六本木站徒步4分钟 地址：港区六本木6-10-1六本木Hills Hillside2F 电话：+81-3-5772-7500 时间：午餐11:30~14:30，周六、周日至15:00，晚餐18:00~23:00（L.O.21:30） 价格：限定午餐1950日元，午间套餐3050日元，晚间套餐5000日元 网址：www.robuchon.com

| 早乙女哲哉 | 天妇罗之神

てんぷら　みかわ

早乙女哲哉是江户天妇罗料理的名家，许多关于天妇罗的理论基础都是由他一手建立。早乙女哲哉擅于将食材的醍醐味精淬到最高点，鲜虾、穴仔鱼、干贝等常见的材料在他的巧手下硬是展现出惊人的美味。てんぷらみかわ的总店位于门前仲町，六本木Hills的店面为姊妹店，无论装潢、气氛、或者端上桌的料理，都将早乙女主厨的讲究发挥到极致，并加入时尚元素，比起本店有着更加洗练的都会感。

交通：地下铁日比谷线六本木站直达，大江户线六本木站徒步4分钟 地址：港区六本木6-10-1六本木Hills keyakizaka dori（けやき坂通り）Residence B栋3F 电话：+81-3-3423-8100 时间：11:30~14:00，17:30~21:30 价格：天丼3150日元，午间梅套餐5880日元、晚间套餐10500日元 网址：mikawa-roppongihills.jimdo.com 分店：本店为みかわ是山居，位于门前仲町

| 青木定治 | 从巴黎红回全亚洲

Patisserie Sadaharu AOKI paris

透明橱窗中展示着像艺术品一样精雕细琢，又让人口水直流的精美法式点心，看了忍不住要"哇！"地赞叹。糕点名厨青木定治从巴黎甜点铺起家，博得巴黎人的高度好评之后，衣锦还乡红回了日本以及全亚洲，柜子里的甜点虽然价格不便宜，却怎样也想掏腰包尝一口，在外带区之外，还有提供餐点与红酒的轻食餐厅。

交通：地下铁日比谷线、都营大江户线六本木站徒步5分钟，地下铁千代田线乃木坂站徒步6分钟 地址：港区赤坂9-7-4 Tokyo Midtown Galleria B1 电话：+81-3-5413-7112 时间：11:00~21:00 价格：甜点约450日元 网址：www.sadaharuaoki.com 分店：新宿伊势丹、涩谷Hikarie、丸之内均有分店，请参考网站信息

| 铠冢俊彦 | 犹如珠宝的草莓千层酥

Toshi Yoroizuka

铠冢俊彦是深受日本贵妇喜爱的知名甜点师傅，他的甜点精美得犹如艺术品，优美造型、大胆配色，以及发挥食材美味的烹调手法，让蛋糕一跃成为餐桌上的主角。

为了追求甜点的质量和鲜度，铠冢俊彦与各地小农合作，从食材根源把关。他甚至盖了一间自家农场"一夜城Yoroizuka Farm"，自给自足生产最适合糕点的水果原料，让法式点心也能洋溢着当地香甜。

交通：地下铁日比谷线、都营大江户线六本木站徒步5分钟，地下铁千代田线乃木坂站徒步6分钟 地址：港区赤坂9-7-2 Tokyo Midtown East 1F 电话：+81-3-5413-3650 时间：店面11:00~21:00，沙龙11:00~22:00（周二只有沙龙营业） 价格：甜点约520日元 网址：www.grand-patissier.info/ToshiYoroizuka/index.html 分店：总店位于惠比寿，请参考网站信息

| Henri Le Roux | 经典法式浓情巧克力

HENRI LE ROUX

由果子职人Henri Le Roux所创立的法国甜点品牌，从1977年首家店铺创立至今已逾30年，终于在2010年于六本木开设日本第一家直营店。HENRI LE ROUX的人气商品当属巧克力，小小一颗巧克力要价315日元，虽然不便宜，但味道温醇细腻，十分值得一尝；另一项招牌则为C.B.S.（盐味奶油焦糖），手工现捏的焦糖里包覆着杏仁及核桃碎粒，像太妃糖般柔软的口感轻轻一捏就在口中化开，略甜的滋味搭配一杯红茶刚刚好。

交通：地下铁日比谷线、都营大江户线六本木站徒步5分钟，地下铁千代田线乃木坂站徒步6分钟 地址：港区赤坂9-7-4 Tokyo Midtown Galleria B1 电话：+81-3-3479-9291 时间：11:00~21:00（L.O.20:00、饮料L.O.20:30） 价格：Caramel Lollipop 368日元 网址：www.henri-leroux.com 分店：新宿伊势丹、玉川高岛屋均有分店，请参考网站信息

传 统 与 创 新 的 协 奏 曲

银座

GINZA

在新旧交汇的舞台，银座就像是神秘的贵妇，无法一次看透。

百年老店职人魂

　　曾经是日本最繁华的金融街，银座早在百年前就走在时代前沿。当时创新的洋食屋、面包与缤纷甜点店如今成为怀旧老铺，坚持百年的职人魂，不管经历多少次改朝换代从未动摇，传承的滋味一如以往。

　　木村屋的红豆面包、炼瓦亭的蛋包饭……有太多经典美食诞生于这里，一路吃过来，从不变的味觉中追忆银座的百年风华。

步行者的精品天国

　　银座是传统与创新的结合，热络的中央通上，新旧名店相互交会，梦幻的童话咖啡厅、庶民洋食屋，以及新装修的老铺同聚一堂，和谐而不冲突。

　　中央通向来以精品街道著称，各式海内外精品，是银座贵妇们的最好衬托。周末下午中央通会封起道路，把路权还给行人，漫游在步行者天国，珠宝般珍贵的巧克力、名牌大厨的法式飨宴，还有最贴近完美的高档吐司面包，引你走进银座贵妇们的花样生活。

●银座木村家
交通：地下铁各线银座站徒步1分钟
地址：中央区银座4-5-7
电话：+81-3-3561-0091
时间：10:00~21:00
休日：周日
价格：各种甜馅面包（あんぱん）130日元
网址：www.ginzakimuraya.jp

充满胶原蛋白的绝妙河豚锅

玄品河豚 新桥の关

玄品ふぐ 新桥の関

价格等级： ☆☆☆ **交通：** JR、地下铁各线新桥站徒步3分钟 **地址：** 港区新桥2-15-12 2F~5F **电话：** +81-3-6268-8229 **时间：** 17:00-23:00（L.O.22:00），周六、周日、假日12:00~22:30（L.O.21:30） **价格：** 名物河豚生鱼片（名物ぶつ刺し）1680日元、炸河豚（唐扬げ）1680日元、河豚锅（てっちり）1980日元 **网址：** www.tettiri.com

①

❶名物河豚生鱼片，创新口味，嚼感有多种层次　❷炸河豚块曾经赢得全国炸物（からあげ）评选其他类的最高金赏

❸这道料理的日文（てっちり）为铁炮之意，说明河豚毒素就像铁炮一样，一击致命

❹玄品河豚新桥店位于2楼到5楼　❺加入大量河豚胶原蛋白的果汁饮料

　　自古以来河豚就以绝妙美味以及致命毒素，深深吸引着日本老饕。吃河豚曾经被视为禁忌，而它高昂的价格和专门的处理技术，更使河豚与高级料理画上等号。

　　打破业界行情，玄品ふぐ改良技术成功提升产量，创新推出平价河豚餐，如今一般民众也能以合理价格享受这难以抵挡的鲜美魔力。

　　玄品ふぐ在日本共有90家以上的分店，河豚在海外养殖后，以专利技术零下60度运送到日本，经由特殊解冻过程冰温熟成，风味非但未受影响，反而更有层次。新桥店内除海外养殖河豚，水槽中还有活跳的日本养殖河豚提供给顾客，有趣的是，两种河豚色泽虽有差异，但味道同样鲜美，

有些人甚至更偏好经过熟成的冷冻河豚，觉得肉质比较鲜。

　　品尝河豚最直接的方式首推生食，名物河豚生鱼片（名物ぶつ刺し）是玄品的创意菜色，河豚肉切厚片，白菜、河豚皮、鱼肉、青葱依序堆栈，搭配独家调制的大蒜柚子醋，不同口感在口中交汇，感觉相当独特。店内必点料理还有河豚锅（てっちり），昆布柴鱼高汤煮滚后先放河豚骨架，再放野菜，待胶质溶出入味后，最后放入肥嫩的河豚肉。滚烫的河豚锅汤鲜肉肥，鱼皮鱼骨带有丰富胶原蛋白，而鱼肉弹性十足，这下才真的明白为何古人拼了命也要大啖河豚，这致命的诱惑力果真教人臣服，挡也挡不住！

有气质的清汤拉面

银座篝

> 价格等级：☆ 交通：地下铁各线银座站徒步8分钟，
> JR、地下铁各线新桥站徒步5分钟 地址：中央区银座
> 4-4-1 时间：11:00~15:30、17:30~22:30，周六至21:00
> 休日：周日 价格：鸡白汤SOBA并850日元、煮干沾酱
> SOBA（煮干つけSOBA）880日元

这家低调的拉面店打从开业就博得广大人气，鸡白汤拉面香浓中见纤细，摆盘又相当精致，符合银座贵气的调性。

店面藏在巷弄深处，门帘也很不起眼，但你绝对不会错过——因为无论平日还是假日，门口永远都有一排顾客。好不容易踏入餐厅，会发现大排长龙是有原因的，窄小的店里才10多个座位。缩着身子挤进位子里，大伙吃得专心一致，不敢聊天或停留，只怕耽误下一位顾客的时间。

白汤拉面用鸡骨长时间熬煮，汤头呈现乳白色，但不像豚骨油腻。面条上放着鸡肉叉烧、芦笋、玉米笋和萝卜缨，视觉与味觉一般隽永清爽。沾面走浓厚路线，加入大量鱼干、柴鱼的干面口感浓重香鲜，加上店家提供的玄米有机醋，香气分外引人入胜。

❶ 白汤拉面采用鸡骨熬煮，味道分外爽口
❷ 沾酱拉面口味厚重，留下浓郁的鱼鲜香
❸ 招牌设计和拉面一样简单清爽

❶

❷ ❸

享味比内地鸡

银座比内や コリド一店

价格等级：☆☆ 交通：地下铁各线银座站徒步5分钟，JR、地下铁各线新桥站徒步4分钟 地址：中央区银座8-2-15 电话：+81-50-5798-1241 时间：11:30~14:00，17:00至凌晨4:00，周日至23:00 价格：比内やの自慢の极上の亲子丼1008日元、比内やの自慢の究极の亲子丼1234日元 分店：本店位于银座，在汐留等地亦有分店

❶午餐的亲子丼半熟蛋与带有嚼感的烤土鸡，让人一吃上瘾
❷所有餐点都是现点现烤
❸❹日式风格的店内整洁有格调

比内鸡是秋田县比内地区特有的土鸡品种，日本只有36户农家，以自然放养的方式养殖。银座比内や以碳烤比内鸡为号召，精选天然盐与备长炭加持，烧烤出绝妙的美味串烧，成为许多名流光顾的烤鸡名店。

比内や在午餐时段，推出超值的比内鸡亲子丼，鲜黄的半熟蛋淋在烤鸡肉饭上，搭配酱油酱汁，甜美的鸡油伴随着炭烧香气渗入饭中，鸡肉属于较弹牙的口感，肉质脆中带甜，越咀嚼越有味道，而鸡蛋将饭肉结合为一，组成浓香弹舌的绝妙风味。

亲子丼分为使用胸肉和腿肉的"极上"与单纯使用腿肉的"究极"两种等级，此外还有烤鸡丼与盐烧猪肉丼，都是现点现烤，说是究极之味当之无愧！

❶在移动的火车前啜饮鸡尾酒
❷精细的火车模型让人目不转睛

铁道迷必访主题酒吧

バー銀座パノラマ

价格等级：☆☆ 交通：地下铁各线银座站徒步7分钟，JR、地下铁各线新桥站徒步5分钟 地址：中央区银座8-4-5 GINZA HACHIKAN大楼8F 电话：+81-3-3289-8700 时间：18:00至凌晨3:00，周六至23:00 休日：周日 价格：饮料840日元，下酒小菜420日元 网址：www.ginza-panorama.com 分店：新宿、涩谷等地亦有分店，请参考网站信息

银座パノラマ位于酒吧林立的银座八丁目的闹区中，偌大的N-gauge（轨距9毫米，车身约为实体的1/150）铁道模型就位于吧台前；而在身后的墙面，则是放置了大量模型火车，有的是客人寄放，有的是店内商品，但光是看就让人大呼过瘾了。吧台上的铁道模型采用双层的L形设计，环绕着整个吧台。由于触手可及，所以更可以近距离观察模型火车，为欣赏模型火车添加不少乐趣。

银座パノラマ引以为傲的除了铁道模型之外，专业级的调酒师调出来的饮品更是魅力所在。从"あさかぜ"（朝风）到"ドクターイエロー"（Doctor Yellow），历年来大家耳熟能详的列车都有专属调酒；而为了配合列车的颜色，大多以果汁为基调，喝起来特别顺口。

进化版吐司沙龙

CENTRE
THE BAKERY

セントル　ザ・ベーカリー

价格等级：☆☆ 交通：地下铁各线银座一丁目站徒步2分钟，银座站徒步5分钟 地址：中央区银座1-2-1 电话：+81-3-3-3562-1016 时间：外带10:00~19:00（吐司卖完为止）餐厅10:00~17:00（L.O.16:00）、18:00~23:00（吐司卖完为止） 休日：周一 价格：外带吐司700日元、奶油试吃套餐（バター食べ比べセット）3种吐司1100日元、水果三明治（フルーツサンドイッチ）1700日元、法式煎吐司（フレンチトースト）1200日元

❶充满设计感的店内
❷开放式厨房看得见厨师专注工作的身影
❸北欧风格的原木桌椅，带来愉快早餐心情
❹法式吐司长时间浸泡在酱汁中创造绵软口感，充满鸡蛋与香草香味
❺现烤吐司除了内用，也可外带，大概要排队15分钟

由知名面包店VIRON企划的新品牌CENTRE THE BAKERY，发挥日本人吹毛求疵的精神，将吐司变成研究焦点。从材料开始钻研，试图创造出完美极致的吐司。

用餐区为轻快的北欧风格，在这里，顾客将会体验到前所未有的吐司滋味，实验首先由最平常的烤吐司开始。店员从架上拿出色彩缤纷的kMix品牌吐司机，接着端上日式、美式、英式3种吐司面包。这是CENTRE THE BAKERY铆足全力做出来的王牌商品。日式吐司口感绵柔细腻，美式吐司烤熟后外酥内嫩，山型的英式吐司采用36小时低温发酵，切薄片得焦香，再抹上奶油，那香气比山珍海味还叫人迷恋。

店里亦有法式煎吐司、三明治等菜单。晚上则会变成小酒馆，美味菜肴搭配吐司，又是另一种微醺。

百分之百和牛汉堡排

数寄屋バーグ

价格等级：☆ 交通：地下铁各线银座站徒步3分钟，JR、地下铁各线有乐町站徒步3分钟 地址：中央区银座4-2-12 电话：+81-3-3561-0688 时间：11:00~22:30（L.O.22:00）价格：汉堡排（ハンバーグ）900日元起，蟹肉奶油可乐饼（モダンなカニクリームコロッケ）830日元 网址：www.sukiyaburg.jp

位于银座街角的数寄屋バーグ是一家人气汉堡排专卖店，一个月有超过6000人来光顾，店内的汉堡排完全是纯日本牛肉以手工制作，点了餐可以听到厨房传来主厨阵阵拍打汉堡肉的声音。纯正和牛肉排满溢肉汁，出乎意料的柔软，搭配酱汁与热腾腾的白饭，美味地连舌头都想吞下去。点餐时要注意，从白饭、酱汁到各种配料都必须另外加点，可依自己喜好搭配出最独特的美味，最受欢迎的是牛肉酱汁起司蛋汉堡排。

❶蛋炒饭粒粒分明，吃得出老店技术
❷蟹肉可乐饼奶油浓香值得多扒两口饭

蛋包饭创始名店

炼瓦亭

价格等级：☆☆ 交通：地下铁各线银座站徒步4分钟 地址：中央区银座3-5-16 电话：+81-3-3561-3882 时间：11:15~15:00（L.O.14:15）、16:40~21:00（L.O.20:30），周六至20:45（L.O.20:00）休日：周日 价格：元祖蛋包饭（元祖オムライス）1300日元，元祖牛肉烩饭（ハヤシライス）1600日元 网址：www.ginza-rengatei.com/index1f.html

❶和牛汉堡排入口即化，美味无比
❷银座的人气汉堡排店

明治28年（1895年）开业的洋食屋炼瓦亭，是银座餐厅中最有名的一家，创业于1895年的炼瓦亭，是蛋包饭、牛肉烩饭等日式洋食的创始店，也是蛋包饭迷必来朝圣的店家。不同于现在常见的蛋包饭，炼瓦亭元祖蛋包饭的蛋与米饭混合而成，奶油搭配出的香味出乎意料的清爽，即使吃到最后一口也不会令人生厌。

香味四溢烤鸡串
BIRD LAND

价格等级：☆☆☆　**交通**：地下铁各线银座站徒步1分钟　**地址**：中央区银座4-2-15豖本素山大楼B1　**电话**：+81-3-5250-1081　**时间**：17:00~21:30　**休日**：周一、周日　**价格**：套餐（含前菜、串烧8串、亲子丼等6道料理）6000日元起　**网址**：ginza-birdland.sakura.ne.jp　**分店**：丸之内亦有分店，请参考网站信息

烧烤鸡肉能在银座闯出名堂，必定有过人之处。店内所有座位皆围绕着烤炉，主人和田利弘将顾客年龄层设定为20岁到50岁。使用的鸡肉为茨城县产的奥久慈军鸡，这种土鸡是油脂最少的品种，肉汁多而富有弹力。除了常见的葱串、鸡腿肉之外，最特殊的料理当属山葵烧，将上好鸡胸肉放点山葵一起吃，素烧鸡胸香气无所遁形，山葵刺激味蕾，让鲜味更加倍。

夏季限定的宇治金时刨冰，粒粒分明的红豆甜得恰到好处

百年如一蜜红豆
银座立田野

价格等级：☆　**交通**：地下铁各线银座站徒步5分钟、JR、地下铁各线新桥站徒步6分钟　**地址**：中央区银座7-8-7　**电话**：+81-3-3571-1400　**时间**：11:30~20:30　**价格**：冰淇淋白玉蜜红豆（クリーム白玉あんみつ）1048日元、冰宇治金时953日元　**网址**：www.ginza-tatsutano.co.jp　**分店**：涩谷东急、新宿京王等地均有分店，请参考网站信息

从明治二十八年创业至今，立田野坚持古法，以手工制作红豆馅、白玉等甜蜜入心的和果子，百年如一日。

新翻修的店里大面玻璃面对中央通，虽然座无虚席却不觉得狭窄。创业以来深获喜爱的立田野蜜红豆，手工红豆馅吃得出颗粒，搭配寒天、水果、黑糖蜜，再放上一颗抢眼的腌渍樱桃，甜中带香，是历久弥新的独门配方。夏季限定的刨冰淋上高级抹茶糖浆与招牌红豆，三者仿佛在口中跳舞，沁心冰凉中有着踏实而美好的滋味。

综合串烧在师傅巧手下味道更突出

精品名店午茶

银座在近几年成为名牌咖啡店的战场，海内外知名品牌以不输精品的极致料理和甜点，牢牢绑住银座贵妇的心。

香奈儿的极品法式
BEIGE ALAIN DUCASSE TOKYO

　　香奈儿银座店的10楼法国餐厅，请来法国料理名厨Alain Ducasse合作，完整展现香奈儿和大厨的美食哲学。每一个细节都承袭着时尚精神，就连服务人员制服也出自香奈儿。三星级主厨Jérôme Lacressonnière在法国料理中添加日本和风精髓的创作料理，使用当地的自然食材，连摆饰装盘的创意也反映了香奈儿的品位，五感品味法国时光。

交通：地下铁各线银座站徒步3分钟 地址：中央区银座3-5-3 CHANEL银座大楼10F 电话：+81-3-5159-5500 时间：11:30~16:30（L.O. 14:30），18:00~23:30（L.O.20:30） 休日：周一、周二 价格：甜点2300日元、午餐5000日元、晚餐13000日元 网址：www.beige-tokyo.comcom

贵气的手工巧克力
GUCCI CAFE

　　在银座的GUCCI旗舰店4楼，有间宽敞华丽的GUCCI CAFE，也是GUCCI在日本唯一一家咖啡店。维持品牌一贯的格调，咖啡店的挑高空间透露着高贵气息，店内点心如巧克力、提拉米苏，都印有GUCCI经典Logo纹样，不仅看来赏心悦目，口味也做得相当精致。

交通：地下铁各线银座站徒步4分钟 地址：中央区银座4-4-10 GUCCI银座4F 电话：+81-3-3562-8112 时间：11:00~20:00 价格：GUCCI巧克力1个300日元 网址：www.gucci.com/us/worldofgucci/articles/japan-flagship

珍珠般闪耀的甜点
MIKIMOTO Lounge

　　延续MIKIMOTO一贯的精致高雅，从室内到骨瓷餐具的瑰丽优雅气息，整体呈现了奢华气质。特别聘请甜点大师横田秀夫为MIKIMOTO构思设计了名为"珍珠"的甜点，这道特制的白色"珍珠"搭配布丁以及奶油酱汁，点缀着芒果、芦荟等配料，犹如珠宝盒般璀璨华丽。

交通：地下铁各线银座站徒步3分钟，JR、地下铁各线银座一丁目站徒步2分钟 地址：中央区银座2-4-12 MIKIMOTO Ginza2 3F 电话：+81-3-3562-3134 时间：11:00~19:30，周日11:00~19:00 价格：珍珠（パール）1500日元 网址：ginza2.mikimoto.com

柏金包精品巧克力
PUIFORCAT champagne bar HERMÈS
ピュイフォルカ シャンパンバー HERMES
银座店

在银座HERMÈS 2楼深处的Hermès Café，2011年10月起转以香槟酒吧的形式营业，座位不多，使用器皿均选自自家的居家用品系列，能感受到品牌的奢华与高雅质感。除了香槟外，之前颇受好评的咖啡和柏金包巧克力组合店内仍有售，也有少数点心。

交通：地下铁各线银座站徒步3分钟，JR、地下铁各线有乐町站徒步3分钟 地址：中央区银座5-4-1 HERMÈS银座店2F 电话：+81-3-3289-6811 时间：11:00~20:00，周日11:00~19:00 价格：咖啡附柏金包巧克力1400日元 网址：www.hermes.com

代表银座的贵妇洋食
SHISEIDO PARLOUR 银座本店
资生堂パーラー 银座本店

在SHISEIDO PARLOUR吃到的口味，跟刚开业的口味完全相同，保存了最初银座怀旧的美食记忆。承袭高雅成熟的韵味，即使只是吃蛋包饭也是要用上全套精致高雅的银器，优雅的3层银器当中装着特别腌制的配菜，脆洋葱香脆的口感相当美味，是银座的怀旧滋味。

交通：地下铁各线银座站徒步7分钟，JR、地下铁各线新桥站徒步5分钟 地址：东京都中央区银座8-8-3 资生堂大楼4~5F 电话：+81-3-5537-6241 时间：11:30~21:30（L.O.20:30） 休日：周一（遇假日营业） 价格：炸肉饼佐西红柿酱汁（ミートクロケットトマトソース）2400日元 网址：www.shiseido.co.jp/parlour 分店：汐留、日本桥等地均有分店，请参考网站信息

云端上的味觉享乐

晴空塔
TOKYO SKY TREE

一座城市，两种表述，高塔下庶民风景。

高，还要更高！

自从东京晴空塔落成开业后，晴空塔成为游客必至的热门景点。晴空塔购物区内餐厅林立，个个令客人宾至如归，不过最豪华的视觉飨宴还是属于634米高的观景台餐厅，美景佐食，气氛浪漫到最高点。

时空漫游 鸠の街通

从曳舟车站沿着水户街道西行，没走多久，就会遇到鸠の街通り商店街。时间就像停在昭和3年刚创立的那一天，一景一物皆怀旧得令人心醉。经过商店街的再生计划，由老屋改建而成的咖啡厅、废弃旧公寓新生店面等陆续开张，为老街道带来新风貌。

向岛老巷 寻觅艺伎身影

向岛在早期日式料亭林立，是许多政商名流寻花问柳之地，故至今仍保有花街的传统，来这里用餐也能一睹艺伎的曼妙风采；而隐藏在街角的庶民小店与结合老房子的新店铺更是为此地注入活力，想要深度了解老东京的生活文化，就一定要来这里逛逛。

●东京晴空塔（Tokyo Sky Tree Town）
交通：京成押上线、地下铁半藏门线押上站徒步5分钟，东武伊势崎线（东京スカイツリーライン）とうきょうスカイツリー站徒步5分钟，地下铁各线浅草站徒步15分钟
地址：墨田区押上1-1-2
电话：+81-3-3623-0634
时间：展望台08:00~22:00，TOKYO Solamachi 10:00~21:00
网址：www.tokyo-skytree.jp

独享晴空塔绝景
Sky Restaurant 634

价格等级：午餐☆☆☆、晚餐☆☆☆☆ **交通**：京成押上线、地下铁半藏门线押上站徒步5分钟，东武伊势崎线（东京スカイツリーライン）とうきょうスカイツリー站徒步5分钟，地下铁各线浅草站徒步15分钟 **地址**：东京都墨田区押上1-1-2 晴空塔展望台345楼 **电话**：+81-3-3623-0634 **时间**：午餐11:00~16:00（最后入场14:00），晚餐17:30~23:00（L.O.20:30） **价格**：午间套餐4725日元，雅6300日元，晚间套餐12600日元，雅15750日元 **网址**：restaurant.tokyo-skytree.jp **注意事项**：需预约并购买晴空塔展望台的入场券

①

❶634米的高度将东京风景尽收眼底　❷季节点心白酒炖桃，连盘子都经过精心搭配
❸前菜拼盘（アシェット グルマンド），4种前菜组成精美的摆盘
❹香煎鲷鱼佐海瓜子奶油泡沫与西红柿库司库司　❺烤犊牛菲力芥末罗勒酱佐蘑菇碎

想象在距地面345米的地方享用餐点会是什么样的心情，又可以看到多遥远的地方呢？位于晴空塔展望台内的Sky Restaurant 634就能让你亲身体验。

餐厅座椅面对着落地玻璃，仿佛飘浮在半空中，鸟瞰着东京繁华的街景，在Sky Restaurant 634，顾客不只坐拥美景，还能在味觉上得到全新体验，餐厅引以为傲的"新日本料理（TOKYO CUISINE）"。主厨严选东

京与近郊地区的产地食材研发菜肴，如日本人常吃的竹筴鱼，用低温烹调，搭配西红柿果冻，在舌间创造嫩滑弹动的感触，或是脆煎鲷鱼佐海瓜子奶油泡沫酱汁，佐西红柿库司库司等，将日式食材与西洋料理手法融为一炉，淬炼出熟悉却又新颖的滋味。

说到日本与西洋的智慧结晶，当然少不了铁板烧。Sky Restaurant 634在窗边设置了只有8人座的迷你铁板烧专

区，严选和牛与鲜鱼在烧烫的铁板上滋滋作响，煎煮至恰到好处的时刻移到顾客桌前，可以加点一盘特制大蒜饭，精选越光米和大蒜在铁板上跳舞，让人垂涎不已。

值得一提的是，承袭日式料理对"器皿"的讲究，Sky Restaurant 634每道料理均使用相对应的餐盘，让法式美馔增添日本料理的细腻美学，素雅又不失高贵，坐在席间令人不由得也优雅起来。

走入百花缭乱的艺伎世界

樱茶屋
樱茶や

价格等级： ☆☆☆☆ **交通：** 京成押上线、地下铁半藏门线押上站徒步13分钟，东武伊势崎线（东京スカイツリーライン）、龟户线曳舟站徒步8分钟 **地址：** 墨田区向岛5-24-10 **电话：** +81-3-3622-2800 **时间：** 预约制 **价格：** 一般用餐分为10000日元、15000日元与20000日元的会席料理，艺伎每人15000日元起（2小时） **网址：** sakurajaya.jp

❶江户的艺伎风情还遗留在向岛老街中 ❷❸❹筑地采购的鱼虾是季节餐点
❺精致的会席料理展现老铺料亭的手艺

向岛因为坐落着许多富有悠久历史且隐秘性高的高级料亭，成为日本政商名流私下会晤聚餐的地方。席间为了助兴，常安排能歌善舞又擅言谈的艺伎列席，吃饭喝酒之余穿插歌舞表演炒热气氛。

创业于昭和八年的樱茶屋正是这样的地方，店里依照四时变化，提供正统的日式会席料理，还可以掏腰包请到艺伎与年轻舞伎展现曼妙歌舞，与艺伎一起玩一些被称为"お座席游び"的小游戏等。茶屋随季节举办各种活动，其中春秋两季的"お江户三昧"和"秋の舞"是最大的盛会，将会以便宜价格欢迎顾客入场，体验传统江户文化。

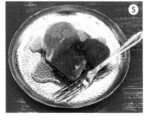

无比幸福的甜点Buffet

Salon de Sweets

サロンドスイーツ

> **价格等级：** ☆ ☆ **交通：** 京成押上线、地
> 下铁半藏门线押上站徒步3分钟，东武伊
> 势崎线（东京スカイツリーライン）东京
> スカイツリー站徒步3分钟 **地址：** 墨田区
> 押上1-1-2 晴空塔SORAMACHI 6F **电话：**
> +81-3- 5610-3186 **时间：** 11:00~23:00 **价**
> **格：** 午餐1800日元（限时70分钟）、晚餐
> 2400日元（限时90分钟）、饮料吧100日元

马卡龙台灯、大面反射镜、仿佛童话般的场景在眼前重现。而这间Salon de Sweets的确是少女们的梦幻乐园，架子上各种鲜艳欲滴的甜点、蛋糕、巧克力等都任你取用，想吃多少就吃多少，简直就是现代糖果屋的翻版。

　　餐厅随时提供数十道甜点、咸食和饮料，点心师傅隔着玻璃窗专注工作，以巧手制作出一个个闪耀动人的精美蛋糕。在东京品尝蛋糕吃到饱的好处，就是这些甜点都非粗制滥造，而是由职人亲手制作，味道就像在蛋糕店购买的一样好。

　　不用担心光吃甜食倒胃口，Salon de Sweets还提供许多咸食口味，让你可以饱餐一顿，摸着肚子，心满意足跌入梦幻甜美的甜点世界中。

季节餐点樱花虾四季豆意大利面

来碗有气质的和风意面

COCONOHA

ココノハ

> **价格等级：** ☆ ☆ **交通：** 京成押上线、地下
> 铁半藏门线押上站徒步3分钟，东武伊势崎
> 线（东京スカイツリーライン）东京スカイ
> ツリー站徒步3分钟 **地址：** 墨田区押上1-1-2
> 晴空塔SORAMACHI 3F **电话：** +81-3- 5809-
> 7162 **时间：** 11:00~23:00 **价格：** 夏季野菜与
> 果实的青酱意大利面（夏野菜と果实のジェノ
> ベーゼパスタ）1200日元 **网址：** www.cafe-
> coconoha.com

在日常生活中，添加一些惊喜，稍作一些改变，可以让生活过得更有意思。COCONOHA就是以这样的理念打造，明朗舒适的店里有乡村风的可爱陈设、有趣的独立小杂志，以及别的地方吃不到的日式意大利面和炖饭，带给顾客嘴角上扬的午后。

　　这里的意大利面加入日式高汤，还使用米粉做成松饼，味道相当清爽，推荐料理包括明太子豆奶虾仁意大利面，清爽豆乳降低热量，让口感更为爽口香滑。炖饭方面有嫩鸡蔬菜西红柿炖饭，南瓜、茄子、节瓜等五色青菜，光视觉就很吸引人。酸甜西红柿融合米饭，田园风味尽在一盘。菜单上还有蒸鸡肉与毛豆的白味噌奶油意面、芦笋野菇酱油面佐半熟蛋等共数十道选择，让人每种都想点来尝尝。

走进姆明童话世界

Moomin House Cafe

ムーミンハウスカフェ

价格等级：☆☆ **交通**：京成押上线、地下铁半藏门线押上站徒步3分钟，东武伊势崎线（东京スカイツリーライン）东京スカイツリー站徒步1分钟 **地址**：墨田区押上1-1-2 晴空塔SORAMACHI 1F（东京スカイツリー站内） **电话**：+81-3-5610-3063 **时间**：08:00~22:30（L.O.22:00） **价格**：姆明家族拼盘（ムーミンファミリープレ ト）1430日元、姆明房舍拼盘（ムーミンハウスプレート）1530日元、剪影拿铁（シルエットラテ）710日元 **网址**：www.benelic.com/moomin_cafe/skytree_town/ **分店**：后乐园亦有分店，请参考网站信息

位于东京晴空塔内的姆明咖啡店，餐厅墙上彩绘着可爱的卡通人物，布置可爱温馨，仿佛置身于童话世界。蛋包饭、咖喱等餐点做成姆明家族角色的模样，还可以和巨大的姆明爸爸玩偶同桌吃饭！甜点讨喜地用蛋糕做成姆明的家，可爱得让人舍不得吃进肚子里。

店里的客人以带着小朋友的年轻妈妈和其他女性为主，不过因为这家店实在太受欢迎，通常得排队30分钟以上。如果选择外带餐点，外带区有红萝卜咖啡与蓝莓咖啡等新奇的咖啡种类，以及姆明甜甜圈让你带回家。

❶姆明家族拼盘是香浓的牛肉烩饭
❷可爱造型的午茶拼盘
❸和姆明家族一起享用可爱大餐

鲜榨果汁是店里的招牌饮品

吟味昭和怀旧风

カド

价格等级：☆ **交通**：京成押上线、地下铁半藏门线押上站徒步8分钟，东武伊势崎线（东京スカイツリーライン）东京スカイツリー站徒步8分钟 **地址**：墨田区向岛2-9-9 **电话**：+81-3-3622-8247 **时间**：11:00~22:00 **休日**：周一 **价格**：现打新鲜果汁（活性生ジュース）600日元

在宁静的向岛街道中，看起来有点破旧的房舍外观，外人可能觉得有点难以进入。然而鼓起勇气踏入店里，西洋风古典画、彩绘花桌，典雅又带有岁月感的装潢，塑造出难以言喻的怀旧气息。店门口写着"季节の生ジュースとくるみパン"（季节果汁与核桃面包），カド的主打商品便是这两样。来到这里当然要试试加了芦荟、芹菜与蜂蜜调和的新鲜果汁，而季节性的其他果汁也都很美味。配上用自家核桃面包制做的三明治，就在复古的华丽空间中尽情享受下町的美好。

晴天散步，边走边吃

晴空塔内各种餐厅、料理多到用两只手都数不完，趁着外头太阳高挂，带着外带美食在楼顶花园感受好天气，心情也是大晴天。

多重口味烤丸子
新杵

　　创业于明治四十三年的和果子老店新杵，在晴空塔的这家门市专门贩卖各式各样的现烤丸子，特色是包入红豆馅的艾草口味"みちくさ饼"，还有甜咸交织的酱油口味等，店里茶水免费供应，适合坐着小歇一番。

交通：京成押上线、地下铁半藏门线押上站徒步3分钟，东武伊势崎线（东京スカイツリーライン）东京スカイツリー站徒步3分钟　地址：墨田区押上1-1-2 晴空塔SORAMACHI 1F　电话：+81-3- 5809-7213　时间：09:00~22:00　价格：みちくさ饼 170日元　网址：www.shinkine.co.jp

新鲜牛奶冰激凌
东毛酪农63℃

　　将鲜榨牛奶以63℃低温杀菌30分钟，制作成牛奶、草莓、抹茶等口味的浓郁冰激凌。搭配饼干可选择海盐、竹炭芝麻与手烧三种，满满乳香吃得到，从晴空塔开业以来，始终是受欢迎的人气店家。

交通：京成押上线、地下铁半藏门线押上站徒步3分钟，东武伊势崎线（东京スカイツリーライン）东京スカイツリー站徒步3分钟　电话：+81-3-5809-7134　时间：10:00~21:00　价格：冰激凌一律380日元　网址：www.milk.or.jp

年轮家晴空塔限定
晴空塔年轮树
ちいさなバームツリー〜ねんりん家より〜

　　来到晴空塔必买的伴手礼就是年轮家晴空塔造型的年轮树，由2或3支做成棒棒糖样子的小年轮蛋糕组合而成，包装也很特别，四面分别是依照晴空塔早晨、下午、傍晚和夜晚的颜色所设计，非常有纪念性。

交通：京成押上线、地下铁半藏门线押上站徒步3分钟，东武伊势崎线（东京スカイツリーライン）东京スカイツリー站徒步3分钟　地址：墨田区押上1-1-2 晴空塔SORAMACHI 2F　电话：+81-3-5610-2845　时间：10:00~21:00　价格：东京年轮树3个（东京バームツリーボックス3本入）945日元　网址：www.nenrinya.jp/littlebaumtree/sky/index.html

可爱传情造型饼干
merrifactury

　　merrifactury卖的商品只有一个，便是糖霜饼干，它的特别之处是与多位插画家合作，结合最常说的话，例如：感谢、生日快乐、加油、恭喜等字样，设计出许多风格独特的传情饼干。

交通：京成押上线、地下铁半藏门线押上站徒步3分钟，东武伊势崎线（东京スカイツリーライン）东京スカイツリー站徒步3分钟　地址：墨田区押上1-1-2 晴空塔SORAMACHI 2F　电话：+81-3-5610-3142　时间：10:00~21:00　价格：依插画精致度价格不一，每个350~500日元　网址：www.milk.or.jp

跟紧潮流的味觉新体验

原宿

HARAJUKU

主题餐厅、创新体验，整个原宿就是一个大型游乐园

①

Cat street里原宿玩味创意

无论购物、玩乐或美食，原宿永远是东京的新话题，藏在表参道旁的Cat street（キャットストリート）是原宿潮牌发源地。步道旁有许多吸引目光的精致小店，餐厅不仅比时尚，还要比创意。店主无不绞尽脑汁，以独特主题和难以取代的滋味赢得顾客好评。

美式松饼，等到深处无怨尤

在年轻人聚集的原宿，美食就和流行一样跟着流行走。以夏威夷松饼店为首，爆米花、巧克力陆续引爆不可思议的超人气，要找到店家并不难，只要看到外头漫长的排

队人潮就对了。话题店家紧抓年轻人流行嗅觉，五花八门的好味道，吸引爱吃鬼们等到深处无怨尤。

街头涂鸦乐园

从里原宿信步走到DESIGN FESTA GALLERY（D.F.G），乍看之下像是废弃建筑，其实这是一处开放式的现代艺术空间，任何人都可以自由进出参观。1层、2层被隔成13间展览室，提供给年轻的艺术创作者来展示作品。只要是出于"原创"就可以加入，除了室内，前院、后庭、屋顶等都可见到展览。

●DESIGN FESTA GALLERY
交通：地下铁各线明治神宫前站徒步10分钟，JR
山手线原宿站徒步8分钟
地址：涩谷区神宫前3-20-18
电话：+81-3-3479-1442
时间：11:00~20:00
价格：免费
网址：www.designfestagallery.com

手工鲜酿啤酒

SMOKEHOUSE

价格等级： ☆☆☆ **交通：** 地下铁各线明治神宫前站徒步4分钟，JR山手线原宿站徒步10分钟 **地址：** 涩谷区神宫前5-17-13 2F **电话：** +81-3-6450-5855 **时间：** 11:30~15:00、17:30~22:00，周六、周日、假日11:30~22:00 **价格：** 综合烤肉（BBQコンボ，含4种烧肉与2道配菜）4200日元、鸡肉沙拉1300日元 **网址：** www.tyharborbrewing.co.jp/jp/smokehouse

①

❶综合烤肉可选两种配菜，分量让人十分饱足
❷所有调味料、食材和熏肉都是从厨房由师傅亲手制作
❸鲜酿啤酒风味绝妙
❹面对绿意与窗外的店面，有美式餐厅的轻快风格
❺特别餐饮顾问David Chiddo精通各国美食

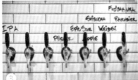

啤酒趁鲜喝最是美味，SMOKEHOUSE的手工酿造啤酒不但现场喝不到，新鲜度也是第一流，和店内独家熏制的熏肉组成黄金拍档。

SMOKEHOUSE的特别餐饮顾问David Chiddo，是出生于纽约的大厨，他将地道美式手工啤酒及熏肉风味加以提升，让日本顾客体验大口喝酒、大口吃肉的美式快感。店里共有6种鲜酿啤酒，以及从美国与日本私人酒厂精选的Guest Beer。夏季最受欢迎的当推小麦啤酒，淡雅麦草香蕴含淡淡的酸度，酒体轻盈爽口。爱尔啤酒（Pale Ale）采用淡色麦芽，带有蜂蜜与果香，和肉食格外搭配。此外还有美国人钟爱的IPA啤酒，它的酒泡比例很小，口感浓厚强烈，独特苦味有着特别的深度。

店里料理分量也是美式作风，可以数人分食。餐点以独门熏肉技法，把新鲜肉类用香料腌渍入味后，以120℃~150℃低温熏烤1.5~10小时，逼出肉类的油脂和香气，达到外酥里嫩的口感。

为了创造最美味的熏肉，SMOKEHOUSE耗资千万购买熏肉机，每天限量熏制，其中牛肉需要花12小时，大厨必须从早上就开始准备，晚餐时段才能供应给客人。

综合拼盘结合猪肉丝、牛肉、猪肋排，以及一项今日特选。肉类经长时间熏烤已经变得柔软无比，口感不油不腻。搭配油醋、极辣（Voodoo Hot）、家常与胡椒4种烤肉蘸酱，风味更浓，保证一口接一口地喝啤酒。

炭火现烤柚香拉面

AFURI

阿夫利あふり

价格等级：☆ **交通：**JR山手线原宿站徒步5分钟，地下铁多线明治神宫前站徒步8分钟 **地址：**涩谷区千驮ヶ谷3-63-1 **电话：**+81-3-3371-5532 **时间：**10:30至凌晨03:00 **价格：**柚子盐拉面（柚子塩ら～めん）880日元、沾面柚子露930日元 **分店：**惠比寿、六本木Hills、中目黑等地均有分店

❶鸡汤拉面可选择浓厚（まろやか）与清淡两种口味 ❷清爽的拉面风味正合年轻人胃口
❸叉烧在炭火上烧得油润，特别吸引人

本店位于惠比寿的AFURI，汤头使用丹泽山脉阿夫利山的天然泉水，利用鸡架、昆布、蔬菜与鱼鲜等，耗时9小时炖煮浓缩成深厚美味，只以薄盐稍做调味，满溢的鲜味直叫人齿颊留香。

店里拉面有汤面与沾面，盐味拉面清爽不黏腻，让汤头的深厚功力显露无遗。同样受欢迎的还有柚子口味，加入新鲜柚子以后，柑橘香与鸡高汤交融成高雅气息，酸味刺激着味蕾深处，是相当适合夏季的菜品。

汤头可以选择淡丽与浑厚（まろ味）两种，浑厚比起清淡增加了鸡油的比例，香气更为浓郁。除了汤鲜，AFURI还有一个诱人食欲的绝招——店员在吧台内架起炭炉，拉面上桌前，先把叉烧肉放到炉火上烤得焦香，看那滴落在面条上的肥油，少有人能够抵挡住诱惑。

辛香浓郁绞肉咖喱
みのりんご

价格等级：☆☆　交通：JR山手线原宿站徒步4分钟，地下铁各线明治神宫前站徒步7分钟　地址：涩谷区神宫前1-22-7 westビル1F　电话：+81-3-6447-2414　时间：11:30~15:00、18:30至21:30，周六、周日11:30~19:00（卖完即关门）　休日：周一　价格：绞肉咖喱（中）（キーマカレー）900日元、特制双味咖喱（中）（みのりんごスペシャル）1200日元　网址：www.minoringo.jp

❶工作人员只有两位，忙碌地制作咖喱　❷店面不大，却总能吸引慕名而来的顾客
❸双味咖喱为香辣绞肉与浓醇鸡肉两种

避开竹下通的人潮，みのりんご虽然不在主要购物区内，仍旧以独特浓郁的咖喱吸引大批顾客。

みのりんご的咖喱不使用沙拉油或奶油，而是以绞肉加入多种香料和蔬果，长时间熬煮浓缩而成。其中光洋葱就炒了2小时，而花在咖喱上的时间更不用说。为了将食材煮到浓稠，让味道合为一体，只有靠耐心和毅力，慢火煲出完美滋味。

必点绞肉咖喱（キーマカレー）使用猪牛混合绞肉，上面放颗半熟蛋，蛋汁和咖喱混合后，浓香滑顺，非常下饭。咖喱香料味很重，带刺激感的辣味留在舌尖，感觉相当过瘾。许多女生喜欢点咖喱加起司酱，浓得化不开的起司像白帽子一样盖在咖喱饭上，让人涌出罪恶感的超浓起司，人气直线上升中。

怀旧香甜的蜂蜜蛋糕卷

Colombin

コロンバン

价格等级： ☆ **交通：** 地下铁各线明治神宫前站徒步1分钟，JR山手线原宿站徒步5分钟 **地址：** 涩谷区神宫前6-31-19 **电话：** +81-3-3400-3838 **时间：** 10:00~22:00，周日10:00~20:00 **价格：** 原宿はちみつプリン(原宿蜂蜜布丁)1029日元、原宿はちみつロール(原宿蜂蜜蛋糕卷)一条1620日元 **网址：** www.colombin.co.jp

❶萨瓦兰蛋糕为法国传统糕点，扎实蛋糕体浸润在蓝姆酒糖浆中，成熟风味让人着迷
❷原宿代表甜点——原宿蛋糕卷 ❸各种蛋糕带来幸福感 ❹店家在屋顶设置蜂箱，采集明治神宫外苑的花蜜 ❺外观是难得的欧式风情

Colombin

为日本首家提供正宗法式甜点的洋果子铺，创立于1967年的Colombin外观洋溢着沉静的复古气息，与前方榉木行道树形成一幅美丽图画。不同于原宿时髦潮流的街景，店里装潢典雅，气氛宁静，怀旧风的洋食以及精美咖啡，让人可以放慢脚步，坐下来享受美味片刻。

来到这里，一定要试试1日限量20条的超抢手原宿蜂蜜蛋糕卷，里面所添加的蜂蜜是从店家顶楼的自家养蜂场采集而来，取名为"原宿はちみつ"(原宿蜂蜜)，其蜜蜂从明治神宫、代代木公园等自然环境的花卉中采收花蜜，因此，这里的"百花蜜"会依季节变化风味及色泽，让蛋糕卷不分时节都充满蜂蜜清香。如果没抢到的话也先别气馁，Colombin还有贩卖许多让人直流口水的烧巧克力、蜂蜜布丁及各式蛋糕，保证让你吃到心满意足。

如童话世界般的可丽饼店
La Fee Delice

价格等级：☆☆　交通：地下铁各线明治神宫前站徒步3分钟，JR山手线原宿站徒步10分钟　地址：涩谷区神宫前5-11-1　电话：+81-3-3371-5532　时间：11:30~23:00（L.O.21:30）　价格：巧克力柳橙可丽饼1200日元、咸可丽饼1600日元　网址：lafeedelice.com

❶店里装饰可爱的乡村风小物，大理石桌配传统木椅，以及可爱绘画
❷屋外爬满青翠的常春藤
❸❹悠缓的法式情调让人惊讶，原来走在潮流尖端的原宿，还有这么一个世外桃源
❺轻薄的法式可丽饼搭配鲜奶油与自制酱汁

在人来人往的原宿Cat street，La Fee Delice在洒满阳光和绿意的角落，静静地等待有缘人推开大门。爬满常春藤的小红屋仿佛来自童话世界，散发出法式乡村风情。

La Fee Delice的招牌是外皮香脆、口感软嫩甜香的法式可丽饼（Crêpe），以及用荞麦粉做成，西北部布列塔尼的传统美食咸可丽饼（Galette）。

甜可丽饼有淋上自制焦糖酱的香蕉口味，搭配巧克力酱、冰激凌与糖渍柳橙的巧克力柳橙口味等。当热腾腾的现做可丽饼遇上甜蜜水果和酱汁，那美妙的滋味实在是笔墨难以形容的，直叫人意犹未尽。

夏威夷松饼的女王

Egg's Things

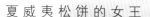

价格等级： ☆ ☆ **交通：** 地下铁各线明治神宫前站徒步2分钟，JR山手线原宿站徒步6分钟 **地址：** 涩谷区神宫前4-30-2 **电话：** +81-3-5775-5735 **时间：** 9:00~22:30（L.O.21:30），周六、周日08:00~22:30（L.O.21:30）**价格：** 草莓奶油松饼1100日元 **网址：** www.eggsnthingsjapan.com **分店：** 在台场、横滨等地均有分店，请参考网站信息

❶松饼有草莓与香蕉两种口味，果香甜美 ❷门口随时大排长龙，大概要等候数10分钟到1小时
❸浓浓的美国风使人仿佛来到夏威夷总店 ❹店内宽敞雅致，氛围舒适

1974年创立于夏威夷的人气松饼铺 Eggs'n Things，深受去夏威夷旅行的日本游客喜爱。现在进军日本首站就选择流行度最高的原宿地区。其宗旨就是"整天都吃得到的早餐店"，不只是白天，连晚上都能轻松品尝这来自夏威夷的美味。

店里招牌松饼软绵绵的口感融化了每个甜食控的心。5大片松饼配上满满的草莓，以及10厘米高的鲜奶油，和亲朋好友一起分食，过瘾极了。店里还供应早餐、奥姆蛋等咸食，同样充满蛋香。

Egg's Things 从开业以来即造成日本的松饼风潮。至今，店门口一直是大排长龙，想吃可得耐着性子等。

热带风情最强松饼

Cafe Kaila

价格等级：☆☆　**交通：**地下铁各线明治神宫前站徒步2分钟，JR山手线原宿站徒步5分钟　**地址：**涩谷区神宫前5-10-1 GYRE B1F　**电话：**+81-50-5531-9452　**时间：**09:00~20:00（L.O.19:20），周六、周日、假日08:00~20:00（L.O.19:20）　**价格：**Kaila原创松饼（カイラオリジナルパンケーキ）2100日元　**网址：**www.cafe-kaila.com　**分店：**舞滨亦有分店，请参考网站信息

❶原创松饼价格不便宜，但分量绝对让人满意　❷❸宽敞雅致的餐厅内装饰夏威夷海滩照片
❹咸食类也是种类多样，大碗满满　❺传统早餐有沙拉、面包、马铃薯与松软的炒蛋

来自夏威夷的早餐店，Cafe Kaila呈现的是五彩缤纷的热带风格。2007年在夏威夷开业后，随即被当地居民票选为最受欢迎早餐。进军日本后同样博得广大人气，不分平日、假日，没有排队1小时以上的心理准备，是没办法吃到Cafe Kaila的招牌松饼的。

创始人Kaila强调店里所有的美味都是用感情来烹调，使用新鲜有机食材，把家常松饼做到最好。绝大多数顾客长时间等待的目的，就是品尝店内的原创松饼——放满香蕉、草莓、蓝莓、苹果等水果的松饼，就像珠宝盒一样闪耀，光视觉就让人心花怒放，滋味更是层次丰富，仿佛吃得到夏威夷的丰盛和热情。

绿荫围绕的都会绿洲

Starbucks
东急Plaza表参道原宿

スターバックスコーヒー东急プラザ表参道原宿

价格等级：☆ 交通：地下铁丸之内线西新宿站徒步3分钟 地址：涩谷区神宫前4-30-3 东急プラザ表参道原宿5F 电话：+81-3-5414-5851 时间：08:30~23:00 价格：咖啡拿铁（スターバックスラテ）Short 320日元、Tall 360日元、Grande 400日元、Venti® 440日元 网址：www.moyan.jp

光影穿过树梢，在铺木地面筛出碎花纹，微风、鸟语，仿佛森林般的自然风景，很难相信这里会是人来人往的表参道大街。这家位于东急Plaza表参道原宿的星巴克，属于顶楼空中花园的一部分。咖啡店打破与花园的隔阂，将座椅延伸至树荫下，随时都能拿杯咖啡，闻着咖啡香喘口气，享受远离尘嚣的片刻。

❶点杯饮料和点心，到阳光绿意下享受绿时光
❷表参道原宿店为Starbucks特别设计的概念店
❸绿意下的美好咖啡香

❶日式套餐传递传统好食之味
❷下酒的小菜都是亲手制作，另有多种清酒可选择
❸开放式的厨房空间设计成吧台形式

分享生活的绿咖啡

IKI-BA

价格等级：☆☆ 交通：JR山手线原宿站徒步5分钟，地下铁各线明治神宫前站徒步5分钟 地址：涩谷区神宫前3-21-17 电话：+81-3-6447-2457 时间：11:30~23:00（L.O.22:30） 休日：周一 价格：IKI-BA定食900日元、IKI-BA渍物拼盘（IKI-BAオードブル盛り）1500日元 网址：www.iki-ba.jp 注意事项：点餐需在餐券机购买餐券

位于原宿僻静的住宅区，IKI-BA企图通过餐食，分享关于生活的些许意见。广大庭院种植着因都市开发而遭挖除的路树，餐厅与酒馆为半露天空间，面对着庭院的绿意和天光。餐厅主题为"Rice Bar"，把新潟的米做成美味的御饭团与定食、烤鱼、味噌汤和白饭搭配得有滋有味。酒吧区为提供日本酒的"SAKE BAR"以及烟熏料理的"SMOKE BAR"。二楼还有一座小图书馆，收藏有关日本文化的书籍，借由研究、讨论和分享，全方位探讨新时代日本人的生活。

带来好心情的话题零嘴儿

涩谷年轻人之间流行的甜点零食，无论是历久不衰的可丽饼，还是新登场的爆米花和糖果，丰富色彩和多样口味，都叫人心花怒放。

竹下通必吃可丽饼
MARION CREPES

可丽饼是原宿的特色美食，竹下通就有好几家，虽然名称有所不同，但其实都是姐妹店。以蓝色招牌吸引人的MARION CREPES是日本最早的可丽饼店，人气商品是香蕉鲜奶油巧克力，饼皮薄脆、内馅香甜，忍不住一口接一口地吃。

交通：JR山手线原宿站徒步3分钟，地下铁各线明治神宫前站徒步4分钟 地址：涩谷区神宫前1-6-15 电话：+81-3-3401-7294 时间：10:30至凌晨4:.00，周六、周日10:00~20:00 价格：香蕉鲜奶油巧克力（バナナチョコ生クリーム）400日元 网址：www.marion.co.jp 分店：吉祥寺、东京巨蛋等地均有分店，请参考网站信息

五彩夺目的糖果世界
CANDY SHOW TIME

进入CANDY SHOW TIME就仿佛进入现代糖果屋，墙上摆放了各式各样的糖果，造型精致可爱。而其中棒棒糖最受年轻女孩青睐，还见不少人直接买了就打开品尝呢！除了图案的不同，这里也有一些以造型取胜的糖果，如超可爱的糖果戒指就是这里的热门商品。

交通：地下铁各线明治神宫前站徒步4分钟，JR山手线原宿站徒步10分钟 地址：涩谷区神宫前6-31-15 电话：+81-3-6418-5334 时间：11:00~20:00 价格：棒棒糖400日元、糖果戒指600日元 网址：www.candy-artisans.com 分店：晴空塔、涩谷等地均有分店，请参考网站信息

美国人气排队爆米花
Garrett Popcorn Shops

美国芝加哥的老牌爆米花店进军日本，每天不分早晚总是排着长长人龙。商品以招牌口味The Chicago Mix（综合芝加哥）最具人气；另外还推出焦糖、杏仁焦糖、起司、淡盐等6种口味。以契约农园种出的大颗玉米为原料，每颗爆米花都饱满扎实，经过职人精心制作后风味更是迷人，一次掳获甜食与咸食一派的心。

交通：JR山手线原宿站徒步2分钟，地下铁各线明治神宫前站徒步4分钟 地址：涩谷区神宫前1-13-18 电话：+81-3-6434-9735 时间：10:00~21:00 价格：爆米花小包290日元、The Chicago Mix小包390日元 网址：www.jp.garrettpopcorn.com 分店：东京车站亦有分店，请参考网站信息

柔软浓郁的可丽饼
Angels Heart

以新鲜鸡蛋与现榨牛奶制作的饼皮为特色，直径41厘米的现烤饼皮包裹各种内馅及水果，就成了一道道让人垂涎欲滴的美味可丽饼。Angels Heart的饼皮像法式薄饼般湿软中带有甜味及蛋香，而且甜的口味会加入大量奶油，口感甜而细致，相当值得一试。

交通：JR山手线原宿站徒步3分钟，地下铁各线明治神宫前站徒步4分钟 地址：涩谷区神宫前1-20-6 电话：+81-3-3497-0050 时间：10:30~21:30，周六、周日10:00~21:30 价格：草莓巧克力鲜奶油（ストロベリーチョコ生クリーム）440日元 网址：www.cafe-crepe.co.jp 分店：原宿另有3家分店，请参考网站信息

玩味食尚飨宴

青山表参道

AOYAMA OMOTESANDO

有品位的街道，酝酿出有风格的大厨与小农。

好店总在参道间

绿意环绕的高级住宅区，宽敞的大道两侧并列着世界名牌，青山、表参道是精品流行的汇集中心。餐厅也走精致路线，高质感的意法料理展现主厨的个人魅力，海外知名大厨、甜点品牌进驻林荫道，细致如同精品。无论店家或餐厅，在这里，风格与时尚才是唯一关键词。

寻寻觅觅，设计感之店

从时尚大街转入街头巷尾，迷宫般的住宅区是艺术家的游乐园。设计师咖啡馆滋养艺

术灵感，丰盛美式早餐带来一日的元气，洋房般的老牌和食屋、创意十足的甜点，在巷弄中拐得晕头转向之际，总是有值得造访的餐厅，让你发出会心一笑。

农夫好食赶集趣

周末来到青山，国连大学前的小农市集Farmer's Market @ UNU是散步的好去处。市集约60家摊位共襄盛举，由一群关心友善土地的小农们，亲自出马贩卖农产品与橄榄油、酱料等副产品，顾客在这里与小农交流、聊天、试吃，充满着热络而愉快的气氛。

●Farmer's Market @ UNU
交通：地下铁银座线千代田线、半藏门线表参道站徒步4分钟
地址：涩谷区神宫前5-53-70 国连大学前广场
电话：+81-3-5459-4934
时间：每周末10:00~16:00
价格：免费入场
网址：www.farmersmarkets.jp
注意事项：每月第2、4个周末11:00~17:00于表参道GYRE大厦另有小型市集Farmer's Market @ GYRE

餐厅就是野菜园

HATAKE AOYAMA

价格等级：午餐☆☆、晚餐☆☆☆　交通：地下
铁银座线千代田线、半藏门线表参道站徒步 2 分
钟　地址：港区南青山 5-7-2 B1　电话：+81-3-3498-
0730　时间：11:30~15:00（L.O.14:30）、17:30~23:00
（L.O.22:00）　价格：午间套餐1350日元、意大利面
套餐1100日元、HATAKE蔬菜拼盘（2人份）2000日
元　网址：www.hatake-aoyama.com

❶

❶ 10种蔬菜做成口感丰盛的沙拉
❷ 绿意盎然的餐厅门口
❸ 主厨料理做到一半，还会跑到菜园摘香草
❹ 餐厅的设计为半开放式，纳入天光和树影
❺ 餐厅以野菜园为主题
❻ 午间套餐的玉米碎肉意大利面，散发香甜朴实的田园美味

餐厅门口被翠绿花园所围绕，仔细一看，才发现原来花坛中种的全是蔬菜。茄子绽放玲珑花朵，百里香飘散着清新气息，隐藏在绿叶之中，红艳西红柿正当熟，而这些新鲜现采的蔬果，即将一跃成为餐盘里的主角。

以日文的菜园"HATAKE"为名称，专长意式料理的神保佳永主厨，将多年来的理想投注在这家餐厅中，希望结合日本当地小农与渔人的力量，创造出清新健康的意大利料理。

招牌菜色HATAKE蔬菜拼盘，以西红柿、灯笼果、芦笋、迷你萝卜等当季蔬菜盛放在藤篮中，看起来就像刚从菜园采收回来一样，生菜搭配鳀鱼大蒜酱，品味鲜摘野菜毫不造作的甘美鲜甜。

为了让更多人品尝蔬食美味，神保主厨在中午时段大方推出1350日元，包含汤品、野菜拼盘、主餐、甜点和饮料的套餐。由于一日限量50份，中午时间可用人满为患来形容，还没开门，等候队伍已经从餐厅所在的地下一楼排到一楼路口。午间套餐同样使用种类丰富的蔬菜，如意大利面加入完熟玉米粒和节瓜，不用加糖就倍感香甜；绿色沙拉囊括红萝卜、菊苣、四季豆、菜花等共10种蔬菜，而每种分别以最能提升美味的方式烹调，丰盛得好似跌进丰收的野菜园之中。

原 味 纽 约 风 格 早 餐

Clinton St.
Baking Company

クリントン・ストリート・ベイキング・カンパニー

价格等级：☆ ☆ **交通**：地下铁银座线千代田线、半藏门线表参道站徒步8分钟 **地址**：港区南青山5-17-1 **电话**：+81-3-6450-5944 **时间**：08:00~23:00（L.O.22:00）**价格**：班尼迪克蛋1600日元 **网址**：clintonstreetbaking.co.jp

❶

❶松饼有蓝莓、香蕉核桃、巧克力3种口味，加入蓝莓的松饼不甜不腻，香气浓郁

❷自制培根口感厚实，与半熟蛋、酱汁融为一体

❸装潢是明快的纽约都会风

❹所有料理现点现做

❺离开前记得外带美味的玛芬与手工饼干

被纽约杂志票选为"最棒的松饼"，大厨尼尔与美食作家迪迪这对夫妻档，在纽约创设餐厅Clinton St. Baking Company，以高质量的鸡蛋、面粉、牛奶等精选食材，创造出让洁西卡艾芭等纽约名流也疯狂的早餐。如今Clinton St. Baking Company终于登陆日本青山，带来纯正的纽约风味。

餐厅面对大面落地窗，阳光与松饼香气无疑是迎接早晨最好的开始。店员制服上面印着"以爱心和奶油制作"。所有吃得到的酱汁都是来自厨师亲手制作，绝不假手市售现成品。

走进简洁大方的餐厅，首先吸引目光的，是铺上五颜六色糖霜的玛芬和手工饼干，奶香浓郁的饼干曾被美国生活大师马莎·史都华推崇备至，并称它的发明者尼尔为"饼干之王"。不过最让顾客如痴如狂的，则是香甜可口的松饼，特别是蓝莓松饼，面团中加入新鲜蓝莓，上头再淋上颗粒饱满的蓝莓果酱，松软滋味中蕴含满满蓝莓果香，搭配温热的枫糖奶油酱，简直是天堂才有的味道。

咸食类的种类也不少，切开热腾腾的班尼狄克蛋，半熟蛋汁流淌过两片厚实的自制培根，最后随着熏油和酱汁，被垫底的招牌饼干吸收，浓郁、香滑、美味到让人产生罪恶感。

标榜让早晨时光延续，Clinton St. Baking Company全日供应Brunch（早午餐），真材实料又充满热情的美味，让你随时都能够拥有好心情。

大口吃定炭火烤鸡丼
鸟政

价格等级：☆☆ 交通：地下铁银座线千代田线、半藏门线表参道站徒步3分钟 地址：南青山3-13-2 电话：+81-3-3405-4515 时间：11:30~14:00、17:00~23:00，周六、周日17:00~22:00 价格：烤鸡丼（烧き鸟丼）中午1300日元、晚间2100日元

❶烤鸡丼忠实呈现鸡肉各部位的最佳风味 ❷鸟政是创业37年的老店

这家隐藏版的名店已经在青山开业30个年头，师傅全神贯注站立在炭炉前，仿佛雕刻艺术品似的，掌握每一块鸡肉的烧烤程度。鸡胸肉、鸡肝、腿肉在他的巧手下，呈现出最油润完美的滋味。

排队等候的客人们点餐内容不外乎两种，一是招牌烤鸡丼，第二则是意想不到的酱油拉面。烤鸡丼深获美食家好评，白饭上放着葱肉串、鸡胸、蘸酱鸡腿、鸡肝、软骨绞肉5种口味的烤鸡，鸡腿口感香弹带劲，有着土鸡肉才有的风味。素烧鸡胸清甜不腻，刚好突显出备长炭的熏香。

由于每串鸡肉都是现场烧烤，入店后得耐着性子等待约15分钟，不过等待绝对是值得的。通常一碗丼饭就能让男性吃得相当饱足，如果行有余力，可以点碗拉面，品尝酱油鸡高汤的美味。

值得引颈等待的猪排丼
とんかつまい泉 青山本店

价格等级： ☆ ☆　**交通：** 地下铁银座线千代田线、半藏门线表参道站徒步3分钟　**地址：** 涩谷区神宫前4-8-5　**电话：** +81-1-2042-8485　**时间：** 外卖店10:00~19:00，餐厅11:00~22:45（L.O.22:00）**价格：** 午餐里脊定食（ロースカツ定食）990日元、旬菜膳1660日元、黑豚菲力猪排餐（豚ヒレかつ膳）2990日元　**网址：** mai-sen.com　**分店：** 在涩谷、大丸东京、东急东横均有分店，请参考网站信息

❶为了制作极品猪排，从猪肉、面包粉到炸油都精挑细选　❷酱汁分成甘口与辛口，猪排三明治专用酱汁和黑猪肉专用酱汁4种　❸❹由古老钱汤改造而成的店内
❺店家为独家精选的猪肉取名为"甘美的诱惑"

昭和时代建立的雅致洋房，原本是家大众浴池，猪排饭名店とんかつまい泉选择以此作为总店，挑高空间与明亮采光，让猪排这款庶民小吃变得讲究起来。

店里的猪排号称柔软到用筷子就能分开，猪排整片从猪肉片下，经过拍打去筋，沾裹特制面包粉后高温油炸，锁住美味和肉汁。口感细腻却又保持猪肉纹理，搭配甜味和辣味两种专用特调酱汁，甜中带酸的浓郁风味，让油腻感尽消，十分引人入胜。

まい泉在黑猪肉以外，还提供松阪牛等级的极品猪肉，如茶美豚、冲绳红豚、东京X等，将猪排饭提升至高级料理的境界，不过价格自然也居高不下。想要亲民点的选择，不妨中午时和大伙挤一挤，排队品尝午餐定食，或者外带美味的猪排三明治。

烧烤沙丁鱼马铃薯佐松露，层层口感带来惊喜

经典法式的代名词
La Blanche
ラ・ブランシュ

> **价格等级：** ☆☆☆☆　**交通：** 地下铁银座线千代田线、半藏门线表参道站徒步10分钟，JR、地下铁、私铁各线涩谷站徒步15分钟　**地址：** 涩谷区涩谷2-3-1 2F　**电话：** +81-3-3499-0824　**时间：** 12:00~14:00、18:00~21:00　**休日：** 周三，每月第2、4个周二　**价格：** 午餐3600日元、主厨晚餐10000日元　**注意事项：** 需付10%的服务费

1986年创业的La Blanche，是东京法国料理老铺中的名店，靠着口耳相传建立起名声。历经将近30年岁月的La Blanche，在竞争激烈的法国料理界始终拥有极高口碑，主厨田代和久是支撑餐厅招牌的灵魂，他在法国米其林三星名店"Restrant Guy Savoy"修业后，回日本自立门户，在涩谷与表参道之间的住宅区创立La Blanche。

　　田代主厨有条不紊的料理手腕，展现正统派法国料理的精髓。像是店里极受欢迎的烧烤沙丁鱼马铃薯佐松露（イワシとじゃが芋の重ね），以培根将竹筴鱼与马铃薯包起来，并在最上层放入松露，搭配上沙丁鱼浓汤，享受趣味口感。精心熬煮的酱汁与料理搭配得宜，并从高级食材中创造惊喜，让La Blanche历久不衰，赢得常客忠实爱顾。

超乎想象的美味素食
たまな食堂

> **价格等级：** ☆☆　**交通：** 地下铁银座线千代田线、半藏门线表参道站徒步5分钟　**地址：** 港区南青山3-8-27　**电话：** +81-3-5775-3673　**时间：** 午餐平日11:00~15:30、周六、周日 10:00~15:30（L.O.14:30），晚餐18:00~22:30（L.O.21:30）　**价格：** 午间たまな定食1860日元、晚间季节套餐3910日元　**网址：** nfs.tamana-shokudo.jp

❶配饭的酱菜由自家腌制，香脆爽口
❷糙米让饮食生活更健康
❸小黄瓜、萝卜等酱菜都是师傅手制
❹深受女性喜爱的蔬食料理
❺一次吃进数十种野菜，满足一天的
　健康能量

たまな食堂隐身在绿荫与闲适的氛围里，食堂内只卖素食，而且只以传统的发酵技法或是发酵调味品增添风味。强调国产、有机、无农药，大量的蔬菜、健康的糙米(玄米)，食材都是来自于相熟的契约农园。招牌的たまな定食，轻渍的蔬菜在保有爽脆口感的同时，盐曲的风味更衬托蔬菜的清甜自然，豆类的制品化作炸豆腐、丹贝（一种印度尼西亚传统豆类发酵食品）、轻发酵的纳豆，搭配糙米饭，再加上各式酱菜，无意间，居然就吃进40蔬菜，是简单却又复杂的一餐。

　　たまな食堂除了餐厅之外，还有推广食育的料理教室与农事体验营，也贩卖原创商品与来自日本各地的天然有机商品，更出书教大家制作各种发酵食品。以食育食堂出发，たまな食堂不断探索食物与人和生活的各种可能路径。

魅惑人心的恶魔甜点

热爱甜食者一定会对汇集世界各地甜食的东京感到羡慕，令人垂涎欲滴的蛋糕、巧克力、马卡龙……再有自制力的人也难以抵抗。

难以抵挡的酥脆爆米花
KuKuRuZa popcorn

来自美国的爆米花店KuKuRuZa popcorn，总共有巧达起司、焦糖、枫糖培根等36种口味，平时店面会贩卖8种基本款加2种每月替换口味。这里的爆米花不是用油而是用热风下去爆，最后裹上丰厚外衣，因此每颗爆米花都十分脆口、滋味浓厚。平均需要排队1~2个小时，若想购买得耐心等候。

交通：地下铁银座线千代田线、半藏门线表参道站徒步2分钟，地下铁各线明治神宫前站徒步3分钟　地址：涩谷区神宫前4-12-10表参道Hills 同润馆1F　电话：+81-3-3403-0077　时间：11:00~21:00，周日11:00~20:00（周日隔天若为假日至21:00）　价格：爆米花小包350日元　网址：www.kukuruza.jp

爱恋诱人水果塔
Qu'il fait bon

走入Qu'il fait bon青山店，首先映入眼帘的是一个特大的展示柜，柜中放着20多种色彩缤纷的蛋糕和水果塔。店里最受欢迎的是鲜艳诱人的水果塔，塔皮上整齐排满季节水果，如芒果、草莓，还有特殊的白桃、无花果等口味，酥脆的塔皮加上甜度适中的浓香奶油，与新鲜水果交融，叫人意犹未尽。

交通：地下铁银座线千代田线、半藏门线表参道站徒步5分钟　地址：港区南青山3-18-5　电话：+81-3-5414-7741　时间：11:00~20:00　价格：季节水果塔（季节のフルーツタルト）单片672日元　网址：www.quil-fait-bon.com　分店：银座、晴空塔等地均有分店，请参考网站（青山店无座椅区，只接受外带）

Céléb de TOMATO
挑逗味觉的五彩西红柿

Céléb de TOMATO的主题很有意思，就是把各种色彩和口感的西红柿做成甜点与料理，将西红柿的所有功能发挥得淋漓尽致。主厨从精选世界各地不同品种的西红柿开始，制作出不同产地品牌的西红柿汁、水果塔、果冻等，魔幻美妙的火红视觉以及味蕾的冲击，让人深深爱上这个崭新的甜点主角。

交通：地下铁银座线千代田线、半藏门线表参道站徒步2分钟　地址：港区北青山3-15-5 B1　电话：+81-3-6427-9922　时间：11:00~22:00（L.O.21:00）　价格：午间套餐1800日元　网址：www.celeb-de-tomato.com/omotesandou/　分店：东京巨蛋另有分店，请参考网站信息

正宗极品马卡龙
PIERRE HERMÉ PARIS

风靡全球的甜点铺PIERRE HERMÉ PARIS，由法国甜点职人Pierre Hermé 所创。被誉为"甜点界毕加索"的他，充满新颖想法的甜点创作深得老饕青睐，以马卡龙为首的各式点心如宝石般闪耀着晶莹可口的色泽，尝来更是浓郁甜美。马卡龙口味达20余种，饼皮外层酥脆、内里湿润，内馅则带来丰富滋味与滑顺口感，让人回味再三。

交通：地下铁银座线千代田线、半藏门线表参道站徒步2分钟，地下铁各线明治神宫前站徒步3分钟　地址：涩谷区神宫前5-51-8 La Porte Aoyama 1~2F　电话：+81-3-5485-7766　时间：1F贩卖处11:00~20:00，2F用餐处12:00~20:00（L.O.19:30）价格：Ispahan玫瑰马卡龙（イスパハン）840日元、6个马卡龙2100日元　网址：www.pierreherme.co.jp

来自纽约的香浓诱惑
MAX BRENNER
CHOCOLATE BAR

MAX BRENNER CHOCOLATE BAR是发源于以色列、在纽约引爆人气的巧克力专卖店。店里提供香滑浓郁的巧克力，就像咖啡一样可以每天享用。自从开店以来，店门口永远排着长长队伍，尽管外带巧克力不需等候，大家耐着性子，只为了入店品尝3种巧克力，搭配蛋糕和水果的巧克力锅等点心，谁叫那芳醇的美味总是令人疯狂呢。

交通：地下铁银座线千代田线、半藏门线表参道站徒步2分钟，地下铁各线明治神宫前站徒步3分钟　地址：涩谷区神宫前4-12-10表参道Hills 1F　电话：+81-3- 5413-5888　时间：11:00~22:30、周日至21:30　价格：热巧克力（ホットチョコレート）550日元、（クラッシクヨーロピアン）2000日元网址：maxbrenner.co.jp　分店：东京晴空塔亦有分店，请参考网站信息

角落设计咖啡

为自己留一些时间，在弥漫着沉静心灵的咖啡气息中慢下脚步，在店里简单却有个性的空间，找寻一个完全属于自己的角落。

充满惊喜的精品甜食
Q-pot CAFÉ

不管你是喜欢Q-pot的可爱饰品，或是喜欢在特色咖啡厅内享受美味甜食，这里你绝对不想错过。外观看来十分低调的Q-pot CAFÉ，里头可是别有洞天。由穿着可爱的服务人员引领顾客来到座位，仿佛进到糖果屋，上面的吊灯是牛奶瓶造型，有的区域以粉彩色系与白色组成，有的桌子跟墙面则像是可口的饼干，每个角落都让人惊呼卡哇伊。

Q-pot CAFÉ提供各种色味俱佳的餐饮，餐盘上像珠宝般精致的甜点看来赏心悦目。另外，全店里里外外共有9扇大大小小的门，等你慢慢去寻宝！

交通：地下铁银座线千代田线、半藏门线表参道站徒步4分钟 地址：港区北青山3-10-2 电话：+81-3-6427-2626 时间：11:30~20:00（L.O.19:30） 价格：necklace plate（ネックレスプレート）1350日元 网址：www.q-potcafe.jp

文具控的游乐园
文房具咖CAFE
文房具カフェ

文房具カフェ店主人原为文具批发商，后来在咖啡厅看到许多商量公事或念书的人，便灵机一动想到了这处能让顾客一边享用餐点，一边把玩文具的店铺。在这里文具铺与咖啡厅和谐共存，宽大桌子上可以舒适地进餐、阅读。闲暇之余可自由翻阅、把玩店内陈列的书籍与文具，很适合在这里慢慢消磨时光。另外，只要700日元即可加入会员，用餐区桌下有会员金钥匙才能开启的小抽屉，里头有会员专用的文具及隐藏菜单，有兴趣的话只要填写桌上的单子就能加入！

交通：地下铁银座线千代田线、半藏门线表参道站徒步4分钟 地址：涩谷区神宫前4-8-1 内田大楼B1 电话：+81-3- 3470-6420 时间：10:00~23:30（食物L.O. 22:30、饮料L.O. 23:00） 价格：青森产津轻鸡与烤香草苹果（青森県产津軽軽鶏と林檎の香草焼き）1286日元 网址：www.bun-cafe.com

奈良美智咖啡馆
A to Z café

　　由日本人气艺术家奈良美智所设计以及团队大阪居家graf合作企划A to Z café，正中间用木板随意搭建起来的房间，是奈良美智与graf共同制作的作品，戏谑的童趣成为空间最主要的情调。透明的peace标志内塞满了奈良美智所设计的人物玩偶，复合形态的空间利用，成为奈良美智+graf的情报发信地。餐点有咖啡饮料，也提供特制丼饭与定食，朴实美味的料理，和奈良美智的作品同样温暖人心。

交通：地下铁银座线千代田线、半藏门线表参道站徒步3分钟　地址：港区南青山5-8-3 equbo大楼5F　电话：+81-3-5464-0281　时间：12:00~23:30　价格：甜点550日元、餐点800日元　网址：atozcafe.exblog.jp

有温度的咖啡馆
茑珈琲店

　　如果不仔细找的话，很难找到这家淹没在绿意当中的咖啡厅。这里原本是设计日本武道馆的建筑师山田守的住所，现在改建成古典高雅的咖啡厅。大片落地窗将庭院的绿意盎然引入室内，让人可以远离喧嚣，感受片刻悠闲。手工蛋糕和咖啡简单却毋庸置疑地可口，在蔓延的咖啡香气中，带给人一段沉稳宁静的下午茶时光。

交通：地下铁银座线千代田线、半藏门线表参道站徒步4分钟　地址：港区南青山5-11-20　电话：+81-3-3498-6888　时间：10:00~22:00，周六、周日12:00~20:00　休日：周一　价格：咖啡700日元　网址：tsuta-coffee.digiweb.jp

传承百年下町之味

浅草
ASAKUSA

浓得化不开的人情味夹杂着高汤香，像黄昏一样在老街蔓延，怎么也挥之不去。

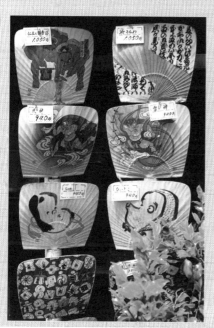

音寺百年物语

江户时代的德川幕府特别指定为御用祈愿所的浅草观音寺，不仅是浅草的信仰中心，也是城市发展的起源。从观音寺出发逛浅草，走过雷门大灯笼，仲见世通上卖人形烧的、煎饼的、果子点心的老铺店家热闹地大声吆喝，洋溢江户庶民风情。

街巷里的老浅草记忆

观音寺前大街小巷如棋盘状横亘，穿梭其中仿佛走进江户、昭和年代的万花筒，一会儿遇见历史悠久的游园地"花やしき"，一会儿拐到表演江户传统演艺的"浅草演艺ホール"，百年历史的餐厅间杂其间，包括甘味店、寿喜烧等老铺滋味从江户时代流传，至今仍叫人着迷不已。

时光停驻 浅草商店街

观音寺以北为游客稀少的住宅区——里浅草，居民往来的千束通商店街中，隐藏许多高级料亭、荞麦面屋、锅物等餐厅，还有一家复古味十足的浴池"曙汤"，过去这里曾经是繁华花街，在艺伎们曼妙的身影消失之后，料亭们依旧留了下来，坚守老江户之味。

●浅草观音寺

交通：地下铁、都营各线浅草站徒步5分钟
地址：台东区浅草2-3-1
电话：+81-3-3842-0181
时间：自由参观
网址：www.senso-ji.jp

传说中的半熟炸猪排

丸山吉平

价格等级：☆☆ 交通：JR总武线浅草桥站徒步10分钟，都营浅草线浅草桥站徒步8分钟 地址：台东区浅草桥 5-20-8 CSタワー107 1F 电话：+81-3-5829-8290 时间：11:30~14:30，周六 11:30~14:30，18:00~20:00 价格：半熟里脊肉定食（ぼーヒレカツ定食）1900日元 休日：周二 网址：www.moyan.jp

仿佛咖啡店一般的时髦装潢，让人很难想象这是一家专卖猪排的餐厅。店内出奇地安静，每个人直视着眼前的炸猪排，仿佛研究员一样专心。

　　我们从小就被告知猪肉不能生吃，然而丸山吉平的店主花村笃却推出外皮酥脆，猪肉却还带着粉红色的半熟猪排，创造出前所未见的柔韧口感，彻底颠覆对猪排的想象。店主之所以敢违背料理教科书，那是因为他寻寻觅觅，找到了以特别方式饲养，不带有病原菌的"林SPF猪"。珍贵的林SPF猪使用特制面包粉，以百分之百的猪油炸至外脆内生，鲜美猪肉和盐格外和搭，有3种喜马拉雅岩盐可供搭配。当然如果不敢吃太生，也可以请师傅炸熟一点，另外也推荐自制咖喱，让猪排饭美味加倍。

❶餐厅位置较偏远，却阻挡不了食客的热情
❷中间为半生的猪排，有着相当独特的口感

最爱烧烤和牛

肉のすずき

价格等级：☆☆☆ 交通：地下铁、都营各线浅草站徒步15分钟，东武スカイツリー线浅草站徒步10分钟 地址：台东区浅草4-11-8 电话：+81-3-3371-5532 时间：18:00~23:00、周四、假日17:00~23:00 休日：周一 价格：东京和牛特选部位4种 2人份4400日元、五花肉（カルビ）920日元、特选沙朗牛排（特选サーロインステーキ）100g 2200日元 注意事项：店内不接受排队，一定要预约

❶牛舌采用厚切方式，柔嫩可口
❷五花肉完美的油花分布是美味的证明
❸店里随时都是客满状态，最好先以电话联络订位
❹不锈钢大门像冰库一样
❺只要吃过和牛烧烤就会深深着迷

位于宁静的浅草住宅区，从观音寺步行得走上10分钟的烧肉店肉のすずき，是烧肉控绝不能错过的名店。本店是在浅草开业数十载的肉铺，因此能够用便宜的价格提供烧肉，特别是极品的东京和牛，4种部位拼盘2人份4400日元，这是在别处打着灯笼也找不到的好价格。

餐厅设计很有意思，不锈钢打造的门口就像是个大冰库，店内装饰着灯笼与浅草为主题的海报，有着置身江户下町的怀旧感。每桌必点的和牛拼盘，肥嫩的牛五花油脂纹路分布细密，烧烤后化作美味的精华，柔软口感直叫人赞叹，1.5厘米厚的牛舌脆中带嫩，多重嚼感滋味变幻无穷。另外还有巴掌大的厚切沙朗、梅花肉、里脊等部位，和牛专有的柔嫩多汁，让人欲罢不能。

133

景观小奢华午宴

莳绘

价格等级：午餐☆☆、晚餐：☆☆☆ 交通：地下铁各线
浅草站徒步10分钟，筑波快速（ツクバエクスプレス）浅
草站徒步1分钟 地址：台东区浅草3-17-1 浅草view hotel
27F 电话：+81-3-03-3842-3378 时间：中午11:30~14:00，周
六、周日11:30~14:30；晚餐17:30~20:00 价格：平日午间套
餐2525日元 网址：www.viewhotels.co.jp/asakusa

❶美景衬托美食，气氛绝佳　❷透过大面窗户，巍峨的晴空塔一览无遗

View Hotel面对晴空塔一侧的法式餐厅莳绘位于27楼，窗外的风景让这里成为话题赏景餐厅。莳绘的空间可以用小巧形容；优雅的氛围因为空间感营造出亲昵气氛，午间设定的价格以法式料理来说相对合理，经济的消费也让年轻客群能够轻易享用美食美景。午间套餐包括前菜、可选择鱼类或肉类的主食、甜品和饮料，菜单内容由主厨依季节食材调整，约一个月更新一次。

老派家庭洋食馆
ヨシカミ

价格等级：☆☆　交通：地下铁各线浅草站徒步
5分钟　地址：台东区浅草1-41-4　电话：+81-3-
3841-1802　时间：11:45~22:30（L.O.22:00）
休日：周四　价格：蟹肉可乐饼（カニコロッ
ケ）1400日元、猪排三明治（カツサンド）
1100日元　网址：www.yoshikami.co.jp

　　门口排队的人络绎不绝，光凭直觉就可
以知道ヨシカミ一定好吃。浅草在昭和年代曾
经是东京最繁华热闹的区域，ヨシカミ承袭了
旧时代的风华以及美味，有点像台北旧圆环那
种老式西餐厅的情调。
　　店内坚持全程手工料理，将西式做法的
洋食改良成为日本人喜爱的口味。许多人气
口味，如香酥的猪排三明治、可乐饼等历久弥
新。而店门口直接就挂着"实在是好吃到不
行，真对不起"的广告牌，可见幽默的老板对
自家手艺超有自信。

外酥内软，让顾客着迷的炸猪排

香浓味噌炸猪排
カツ吉

价格等级：☆☆　交通：地下铁各线浅草站
徒步2分钟　地址：台东区浅草1-21-12　电
话：+81-3-3841-2277　时间：11:30~14:30
（L.O.14:00）、17:00~21:00（L.O.20:30）　休
日：周四　价格：元祖味噌（元祖味噌炸猪排）
1250日元，白饭需另付250日元　网址：asakusa-
katsukichi.gourmet.coocan.jp/top.html

喜欢吃炸猪排的人一定要来试试カツ吉，虽
然距离浅草寺有一小段距离，却依然是受
欢迎的名店。
　　店内50种的炸猪排菜单都是老板独家创
意，选用两片猪肉夹起各种特色内馅再裹粉油
炸，不油不腻鲜嫩多汁难怪经常客满。爱尝鲜
的可以试试纳豆猪排、饺子猪排等，招牌则是
味噌猪排，强调不蘸酱就好吃。

怀旧洋食好滋味经得起时代考验

有江户香气的庶民料理

浅草老铺多到两只手也数不清，这些历经岁月洗礼仍然屹立不摇的传统店家，代表着江户的正统风味，浓咸够味、香嫩迷人，不管合不合胃口，都是最地道的江户风情。

200年鳗鱼饭老铺
驹形前川 浅草本店

前川在百年前就很受文人喜爱，现在也还骄傲地保留着店主亲掌厨房的传统。鳗鱼饭在有着店名的黑色漆盒中恭恭敬敬地被端上桌，配上几样自家渍物，汤品则是鳗肝的清汤。闪耀着油光的烤鳗鱼置于饭上，深棕色的酱汁与鳗鱼融合，浓郁中还带着炭烧香，甜美香浓无与伦比，再啜饮一口带有苦味的鱼肝汤，有深度的层次感正是百年老铺的成熟风味！

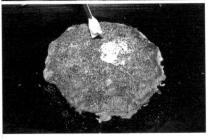

前川在隅田川畔营业超过200年，现代和风感的店门入口、榻榻米座席传递出纯正老铺的氛围。从这里的大窗看去，拥有以青绿色的驹形桥为前景、搭配着后方晴空塔的独特角度和令人安稳的空间质地得以完美地展现。

交通：地下铁各线浅草站徒步1分钟 地址：台东区驹形2-1-29 电话：+81-3-03-3841-6314 时间：11:00~21:00 价格：平日午间鳗鱼饭2625日元、晚餐时间鳗鱼饭4095日元 网址：www.unagi-maekawa.com

热腾腾江户铁板烧
ひょうたん

东京的文字烧是一种怀旧的味觉，充满下町风情的浅草随处可品尝这种江户原味。文字烧的专门店ひょうたん是曾经受到料理东西军等电视节目多次青睐的名店，也经常会有艺人出现。

店内弥漫沉稳的怀旧零食屋气氛，很有江户小吃的风情。料理中最受欢迎的就属有着花枝与樱花虾鲜味的江户文字烧，糊嫩的文字烧中吃得出海鲜弹牙的口感，美味与豪华度都大大加分。另外，辛香的咖喱口味也不错，带有异国风情。除了文字烧以外，还可以选择最有传统味的日式炒面。

交通：地下铁、都营各线浅草站徒步3分钟 地址：台东区浅草1-37-4 电话：+81-3-3841-0589 时间：11:00~21:00 休日：每月第2、第4个周日 价格：文字烧（江户もんじゃ）630日元 网址：monjyayaki.com

值得等待的海老天丼
大黑家

　　大黑家天妇罗是浅草名店，创业于明治二十年（1887年），从本店两层楼古朴的和式建筑外观，不难感受出它的历史。招牌是"海老天丼"，虾子又大又新鲜，用精纯芳香的胡麻油酥炸盛在饭上后，再淋上特制独门酱汁，炸虾外皮被酱汁浸得湿软咸香，重口味酱汁吃到碗底朝天还有剩。多年来大黑家的人气始终不减，不愧是天妇罗专卖店中的招牌老字号，用餐时来访，不抢在开店前就来排队的话，大概都要等30分钟才能一尝美味。

交通：地下铁各线浅草站徒步1分钟　地址：台东区浅草1-38-10　电话：+81-3-3844-1111　时间：11:10~20:30，周六至21:00　价格：海老天丼1900日元　网址：www.tempura.co.jp

会上瘾的骨溜滋味
驹形どぜう

　　どぜう就是泥鳅的意思，泥鳅锅是江户时代东京下町地区特有的饮食文化。驹形どぜう创立于1801年，在歌舞伎和川端康成小说中也曾出现。

采用创业以来不变的料理手法，将新鲜活泥鳅放进酒桶，再将醉晕的泥鳅浸入酱汁中，用备长炭慢火细煮，加入葱花，撒上点山椒粉，江户风的特殊料理就完成了。除了泥鳅锅之外，柳川锅也是店内人气不坠的一道美食，说穿了柳川锅就像是亲子丼，只不过是将鸡肉换成酥嫩的泥鳅，和着蛋汁和白饭热腾腾地享用。

交通：地下铁各线浅草站徒步2分钟　地址：台东区驹形1-7-12　电话：+81-3-3842-4001　时间：11:00~21:00　价格：泥鳅锅（どぜうなべ）1750日元，柳川锅（柳川なべ）1500日元　网址：www.dozeu.com　分店：在涩谷亦有分店，请参考网站信息

下町怀旧吃茶

驻足在下町街角，啜饮一杯好茶，喝的不只是那芳醇的滋味，还有下町百年来的万种风情。

通往天堂的美味松饼
咖啡天国

　　咖啡天国在浅草古老的日式氛围之中，透露出地方老咖啡厅的气息。在老街游逛之后，推荐可以来这里休息，喝杯咖啡，再点份这里最出名的松饼享用。厚厚的松饼上烙有小小的"天国"两个字，再放一块奶油，让刚出炉的松饼热度将其微微熔化，一口吃下，让人感受到店主人的用心，也品尝出他对松饼的坚持。

交通：地下铁各线浅草站徒步8分钟　地址：台东区浅草1-41-9　电话：+81-3-5828-0591　时间：12:00~18:30　休日：周二　价格：松饼+饮料（ホットケーキセット）900日元

与猫咪的午茶时光
gallery ef

　　由150年古老仓库改建而成的gallery ef，长形的空间白天为咖啡厅，到了晚上则摇身一变成为酒吧。在江户时代就留下来的墙柱之间静静品尝店主人的手艺，外头的喧嚣仿若昨日，气氛十分宁静。而店里留有一处不定期会举行音乐发表、展览会等文艺活动的空间，海内外许多文艺活动都在这里举行。

交通：地下铁各线浅草站徒步2分钟　地址：台东区雷门2-19-18　电话：+81-3-3841-0442　时间：咖啡厅时段11:00~19:00（L.O. 18:30），酒吧时段18:00~24:00，周五、假日前夕18:00至清晨2:00，周日、假日18:00~22:00　休日：周二　价格：烤吐司附果酱（トースト）370日元、咖啡550日元　网址：www.gallery-ef.com

名人钟爱的怀旧咖啡
Angielus

　　要在浅草找一家风雅的老东京咖啡厅，就绝对不能错过Angielus。像永井荷风、川端康成等文人墨客在以前皆是这里的常客，而墙面上挂着多幅名家画作，这也都是昭和二十年期间造访此店的画家们所作，配上桌椅与墙面稳重的色调，使这里充满怀旧的画廊气氛。店内的招牌饮品据说正是文学家池波正太郎指点而成，在冰咖啡中加入梅酒，咖啡微苦清爽的味道中又带着梅子香气，让人留下特殊的浅草味觉记忆。

交通：地下铁各线浅草站徒步4分钟　地址：台东区浅草1-17-6　电话：+81-3-3841-2208　时间：10:00~21:00　休日：周一

浅草绅士夜未眠
神谷バー

　　创业于1880年的神谷バー（神谷Bar），在浅草区域是地标般的重要的存在。这里的招牌调酒电气白兰地是一种高达40度，加了汉方草药与白兰地的饮料。在日本现代化启蒙的明治时代，冠上"电气"两字的都是指舶来高级品的流行称号，而琥珀色的酒电气白兰地现在已经成为浅草的名产。洋食料理为下町口味，汉堡排、炸煅饭等料理是许多老东京最念念不忘的滋味。

交通：地下铁各线浅草站徒步1分钟　地址：台东区浅草1-1-1　电话：+81-3-3841-5400　时间：11:30~22:00（L.O.21:30）　休日：周二　价格：电气白兰地（デンキブラン）260日元、汉堡肉排（ハンバーグステーキ）820日元　网址：www.kamiya-bar.com

139

复古优雅的东京玄关口

东京车站

TOKYO STATION

不断蜕变的东京车站，搭上时光列车，从过去飞到未来。

全新进化　新东京车站

　　全新复原完工的东京车站，拱顶及典雅红砖建筑历经多年重现世人眼前。光在车站内就有东京拉面街道、Kitchen Street、黑塀横丁等主题美食街，而在东京点心乐园（东京おかしランド）集结固力果、森永制菓以及Calbee 3大点心品牌，吸引大小朋友驻足流连。

车站外的美味新世界

　　走出车站，左手边是改建自旧东京中央邮局的购物商场KITTE，雪白外墙内是宽阔的中空三角形，近百家餐厅、店铺，诉说着老东京的新风尚。走到右手边，丸大楼以时尚之姿俏然矗立，大楼35F、36F是高级观景餐厅，放眼望去东京璀璨的豪华夜景尽收眼底。

人形町时光旅行

　　位于东京车站附近，人形町在江户时代是人形师聚居的欢乐街。现在街坊依旧古朴，留下来的庶民小吃名店也不少，前些时候还成为日剧"新选组"的拍摄场景。一边品尝柔嫩多汁的亲子丼和江户点心，一边可以沿路漫步至水天宫，到东京最著名的安产神社祈福。

●丸大楼（丸ビル）
交通： JR、地下铁各线东京站中央口徒步1分钟
地址： 千代田区丸之内2-4-1
时间： 购物11:00~21:00，周日至20:00；餐厅11:00~23:00，周日至22:00
网址： www.marunouchi.com/marubiru
●KITTE
交通： JR、地下铁各线东京站中央口徒步1分钟
地址： 千代田区丸之内2-7-2
时间： 购物11:00~21:00，周日至20:00；餐厅及咖啡厅11:00~23:00，周日至22:00
网址： jptower-kitte.jp

创立于明治十二年，发源于京都的近为是日本高级渍物的代表店家。130年来近为坚持使用古法，选用新鲜的当季野菜以天然原料腌渍，蔬菜以手工切片，不假手于机器，只为了呈现出最完美的口感。

吃过近为的渍物，才知道原来腌渍类能够有如此丰富的变化，像萝卜加上柚子以盐轻腌，绝妙的爽脆感和细腻爽口的柚子清香，让人停不下嘴。夏南瓜切薄片，适度酸味引出蔬菜本身的清甜，洋溢盛夏气息。此外，香脆的牛蒡、结球莴苣配上萝卜丝，梅子口味的茗荷渍，让饭桌上有了更多变化。

在餐厅内品尝近为最招牌的渍物和烤鱼，把清脆的渍物放在炊煮得恰到好处的白米饭上，只要一小口，就好吃得不得了，烤鱼经过味噌或酒粕熟成入味，口感和深度浓郁绝伦，满腔幸福感油然而生。

❶店内以木格窗、木桌椅营造和风　❷野菜渍物与烤腌鱼，美味的程度从午餐盛况可见一斑

野菜的熟成风味

近为 大丸东京店

价格等级：☆☆ 交通：JR、地下铁各线东京站八重洲北口直达，东京大丸12F 地址：千代田区丸の内1-9-1 大丸东京店12F 电话：+81-3-6895-2887 时间：11:00~23:00（L.O.22:00）价格：鲑鱼酒粕渍定食1800日元、京都三种定食（三点盛り合わせとごはん）2220日元 网址：www.kintame.co.jp 分店：深川、人形町等地均有分店，请参考网站信息

花漾果实嘉年华
果实园

价格等级： ☆☆　**交通：** 地下铁丸之内线西新宿站徒步3分钟　**地址：** 千代田区丸の内1-9-1 东京车站内Kitchen Street（キッチンストリート）1F　**电话：** +81-3- 5220-4567　**时间：** 07:30～22:00（L.O.21:30）　**价格：** 草莓塔（ストロベリータルト）1500日元、水果圣代（フルーツパフェ）1050日元、松饼（パンケーキ）880日元

❶松饼使用10种以上新鲜水果　❷稀有的白草莓做成草莓塔，味道意外地香甜可口
❸草莓圣代、松饼蛋糕等水果甜点琳琅满目

艳红西瓜、硕大柑橘、柔软多汁的无花果、嫩白水蜜桃……冰柜里各种熟悉到叫不出名字的水果点心个个鲜艳欲滴。它们有的一个叠着一个整齐堆放在塔皮上，有的与鲜奶油包入海绵蛋糕中，或者被大把大把地撒在做成松饼、圣代上头，饱满甜美的模样让人毫无招架之力。

果实园的社长原为水果中盘商，因此能够以接近批发的价格，提供便宜又鲜美的水果甜点。店里所使用的水果都是礼品等级、饱满熟成的高档货，还有从未看过的新品种，如白色草莓、甜度高达19度的芒果等稀有珍品。

店里随季节推出如完熟哈密瓜、水蜜桃等圣代。而最受欢迎的松饼与水果圣代使用10种以上的水果，比眼睛还大颗的草莓、淌着蜜汁的哈密瓜、甜脆西瓜等，酸甜交织、美味无比，创造出惊喜连连的丰富滋味。

亲子丼传承250年
玉ひで

价格等级：☆☆ **交通**：地下铁日比谷线、都营浅草线人形町站徒步1分钟，地下铁半藏门线水天宫站徒步2分钟 **地址**：中央区日本桥人形町1-17-10 **电话**：+81-3-3668-7651 **时间**：亲子丼11:30~13:00，午间套餐11:30~14:00，晚间套餐平日17:00~22:00，周六、周日16:00~21:00 **价格**：元祖亲子丼1500日元、白肝亲子丼2000日元、极亲子丼2200日元 **网址**：www.tamahide.co.jp

❶元祖亲子丼滑润可口，而极亲子丼由于鸡肉质量绝佳，制作成半生的口感
❷午餐时间座无虚席 ❸漫长的等待只为品尝传说中的军鸡料理

玉ひで是一家军鸡料理的专门店，宝历十年（1760年）玉ひで的先祖山田铁右卫门在德川幕府的将军家担任"御鹰匠"的职务，为将军御膳准备鸡肉料理。相传，他可以在不见血的状况下杀鸡去骨，而且手不用碰到鸡肉就可以将肉薄切，刀法堪称艺术。

250多年来御鹰匠的刀法以嫡子单传的方式传承，目前已经传到第8代。玉ひで广受欢迎的亲子丼是第5代传人的妻子所发明，用高级东京军鸡做成的亲子丼香味扑鼻，蛋汁滑顺、鸡肉紧致鲜嫩，滋味浓郁甘美。在老字号的元祖亲子丼以外，现在玉ひで又研发出口感可比鹅肝的白肝亲子丼，以及腿肉做成的极亲子丼。

亲子丼只限中午供应，门外总是大排长龙，想品尝的话最好提前排队，才不会等太久。

暖乎乎幸福关东煮

お多幸本店

价格等级：☆☆　交通：地下铁东西线日本桥站徒步1分钟，半藏门线三越前站徒步4分钟，JR各线东京站徒步5分钟　地址：中央区日本桥2-2-3 お多幸ビル　电话：+81-3-3371-5532　时间：11:30~14:00、17:00~23:00，周六16:00~22:30　休日：周日　价格：关东煮定食（おでん定食）3样800日元、豆腐饭定食（とうめし定食）670日元

❶软嫩入味的关东煮十分下饭　❷午间套餐价格实惠，吸引附近的上班族光顾
❸老卤汁完全渗入白萝卜与豆腐之中　❹午间限定的豆腐饭，简单中有着难以抗拒的浓厚香味

お多幸本店卖的就是我们很熟悉的"关东煮"（おでん）。大正十三年有位叫作太田幸的欧巴桑开了家路边小摊，她希望客人们都能多福多幸，所以就取名为"お多幸"。

江户时代非常风行的关东煮，将豆腐、萝卜、煮蛋等简单素材，用昆布、柴鱼和薄盐酱油等熬成的汤头加以炖煮，暖洋洋的幸福感觉，是老东京人的记忆。

除了夜晚的关东煮，お多幸也特别为上班族推出午间套餐，尤其是独特的豆腐饭，碗公盛满白饭，然后直接放一块将近5厘米厚、卤得浓郁入味的嫩豆腐。柔软的豆腐在白饭上不断晃动，卤汁从豆腐渗入饭中，伴随着冉冉上升的蒸气，简简单单，却堪称是美味的最高境界，再怎么有自制力的人也很难不动心。

越吃越健康活力定食
TANITA食堂
タニタ食堂

价格等级：☆ 交通：JR、地下铁各线有乐町站徒步3分钟，地下铁日比谷站徒步1分钟 地址：千代田区丸之内3-1-1 丸之内国际大楼B1 电话：+81-3-6273-4630 时间：午餐11:00~15:00，午茶14:00~16:00 休日：周六、周日 价格：工作日午餐（日替わり）800日元、周末午餐（周替わり）900日元 网址：www.tanita.co.jp/company/shokudo/index.php

❶所有餐点都经过营养师精密计算，健康又能带来饱足感 ❷餐厅展示TANITA的体重计
❸❹就算是汉堡排、炸物也能够吃得健康而低卡

日本的体脂体重计大厂TANITA，员工餐厅设计专属定食，帮助员工成功减重，在日本引起极大话题。由于回响热烈，TANITA将员工餐写成食谱发行，并且开设TANITA食堂，将自家员工餐厅的伙食对外开放，让一般大众也能够轻松加入饮食减重的行列。

这里的每一份定食的热量都在500大卡左右，且特别设计成蔬菜增量、盐分减量，吃得饱足却又清爽无负担。在食堂一旁还设有问诊间，提供专业体重体脂计给客人测量，还免费由营养师为你解说各项疑难杂症，希望每个人的身体都可以随时维持在健康的状态。

要注意的是，由于TANITA食堂人气很旺，通常在开店前便会排满人，建议可以早点来排队；人多时还会分时段发号码牌，排队进场前一定要先取得号码牌才行。

丸之内精英的尊荣飨宴

日本高级办公室云集的丸之内，不仅往来上班族个个是精英，餐厅也是精锐尽出，以独创美馔让精英贵妇们备感尊荣。

米其林肯定意大利菜
ANTICA OSTERIA DEL PONTE

ANTICA OSTERIA DEL PONTE是意大利料理界第二家获得米其林三颗星的高级餐厅，其独创一格的意式料理每每让人惊艳，丸大楼店可是其在全世界第一家海外分店。位于36楼高的餐厅，拥有绝佳的视野，晚上还可欣赏东京高楼的夜景和台场摩天轮的霓虹灯光，气氛浪漫醉人。

交通：JR、地下铁各线东京站中央口徒步1分钟　地址：千代田区丸の内2-4-1 丸大楼36F　电话：+81-3-5220-4686　时间：午餐11:30~14:00、周六、周日11:30~14:30，晚餐17:30~21:00、周六、周日17:30~20:30　价格：午餐4800~15000日元、晚餐12000~30000日元　网址：www.anticaosteriadelponte.jp

世界首创牛肉烩饭
M&C Cafe

丸善M&C Cafe位于丸善书店顶楼，它可是牛肉烩饭（ハヤシライス）的元祖洋食店，丸善初代社长早矢仕考察研发出牛肉烩饭，就以他的姓氏"早矢仕"命名。特选日本牛肉及洋葱等蔬菜，耗费一个礼拜精炖成的香浓的牛肉酱汁，搭配着软硬适中的米饭，正是丸善最自傲的味道。

交通：JR、地下铁各线东京站北口徒步1分钟　地址：千代田区丸の内1-6-4丸之内OAZO 4F　电话：+81-3-3214-1013　时间：09:00~22:00　价格：顶级牛肉烩饭（ビーフプレミアム早矢仕ライス）1200日元　网址：www.clea.co.jp

京都牛特制寿喜烧
モリタ屋

MORITA屋是明治二年创业于京都的牛肉料理店，拥有自己的专属牧场，专门培育质量优良、肉质细腻的京都牛。无论是做成美味的寿喜烧、涮涮锅，或是直接煎成牛排都十分适合。其中又以寿喜烧最为经典，特调的酱汁使牛肉的鲜甜更上一层楼，香滑的油脂让人齿颊留香。

交通：JR、地下铁各线东京站丸の内中央口徒步1分钟　地址：千代田区丸の内2-4-1 丸大楼35F　电话：+81-3-5220-0029　时间：午餐11:00~15:00（L.O.14:00），晚餐17:30~23:00（L.O.21:30）、周日17:00~22:00（L.O.20:30）　价格：寿喜烧套餐（すき焼きコース）5250日元起，牛排盖饭（ステーキ重）2100日元（限平日午餐）　网址：www.moritaya-net.com

成双成对法式料理
Sens & Saveurs

Sens & Saveurs是来自法国的一对双胞胎主厨，拥有米其林三颗星的实力，来头可不小。Sens & Saveurs尝试以日本本地的新鲜食材，加上从法国空运来的精选配料，变化出全新风格的精致料理。因为主厨是双胞胎，所以他们的料理中常可见到成双成对的菜点，十分幽默。

交通：JR、地下铁各线东京站中央口徒步1分钟　地址：千代田区丸の内2-4-1 丸大楼35F　电话：+81-3-5220-2701　时间：午餐11:00~13:30、周六、周日11:00~14:00，晚餐18:00~21:00、周六、日18:00~20:30　价格：午餐2800~8400日元、晚餐6800~16800日元　网址：www.pourcel.jp/sensetsaveurs

一 日 之 计 在 筑 地

筑地
TSUKIJI

跳上电动板车向前冲刺，跟着流动的筑地街景超越时空。

探索东京的厨房

在东京旅行时，找一天起个大早，到筑地市场吃一顿最新鲜的握寿司早餐，早已是许多游客的固定行程。素有东京厨房称号的筑地市场，是世界最大的鱼市场，每天在此交易的渔获量相当庞大，切不完的黑鲔鱼、各式各样的大螃蟹，还有顶级昆布、百年老店柴鱼片……所有东京的味觉，全都集中在这里了。

寿司、寿司，还是寿司

市场内外集合各式小吃店家，不但市场内的小哥每天要吃，游客也爱凑热闹。特别是数以百计的寿司店满地开花，筑地采买的鲜鱼海产保证新鲜又便宜，成为世界各地游客的最爱。

文字烧铲铲乐

位于筑地东南方不远处的月岛，正是下町料理もんじゃ（文字烧，又被称为月岛烧）的发源地。虽然是住宅区，从隅田川附近到月岛车站一带却聚集了不少文字烧餐厅，面对大铁盘边煎边铲，边铲边吃，香浓滋味是啤酒最佳伴侣。

东京最难排的寿司店

寿司大

价格等级： ☆ ☆　**交通：** 都营大江户线筑地市场站徒步3分钟，地下铁日比谷线筑地站徒步10分钟　**地址：** 中央区筑地5-2-1 筑地市场6号馆　**电话：** +81-3- 3547-6797　**时间：** 05:00~14:00　**休日：** 周日、休市日　**价格：** 旬鱼套餐（旬鱼おまかせセット）3900日元、握寿司（にぎり寿司）2500日元　**网址：** www.moyan.jp　**注意事项：** 清晨排队人多，会花较多时间等待，好处是食物鲜度高，也不会浪费一整天在排队上。不过下午排队人会减少，等候时间较短。

❶

❶回甘的油脂让白肉鱼无比甜美，这是只有当季鲜鱼才有的滋味

❷寿司大特制的外送海鲜丼便当

❸卷寿司为鲔鱼与小黄瓜两款，鲔鱼编成辫子状，口感加倍

❹师傅亲切的态度为用餐过程大大加分

❺寿司大平易近人的气氛，让来自世界各地的顾客从内心感到愉快

清晨5:00，无论刮风还是飘雨，漫长队伍固定在店门口定位，静待店门拉开的瞬间。

等待，在寿司大已经是一种固定仪式，特别是在这家号称东京最难排的寿司店，最少3小时的等待时间，考验的不只是耐力，还有饕客追求极致的决心。

好不容易在吧台前坐定位，已经是4小时以后，一进门从料理长到师傅个个笑逐颜开热情招呼，马上融化在店门外风吹日晒的疲惫心情。店内只有13个座位，3位寿司师傅一边和客人寒暄、介绍每道寿司的特色，一边有条不紊地将各种美妙的寿司送上桌。富有弹性的新鲜鲔鱼肚肉、海胆、白带鱼、腌渍小乌贼等轮番上演，料理长极擅长掌握食材特性，鱼肉与寿司饭在口中相遇，手感温度让鱼油微微渗出，一抹酸味，些许现磨芥末的冲鼻草香，完美演绎寿司的最高境界，折磨人的引颈期盼，正是为了这一刻的感动。

3900日元的套餐包含10贯寿司和一款自选寿司，最后以玉子烧和味噌汤收尾。价钱称不上便宜，但相同水平在其他寿司店可能要1万日元以上，算是相当物超所值。而相较于许多正襟危坐的寿司店，店里平易近人的气氛，更让旅客从内心感到愉快。

为了一份完美寿司，是否该花费4小时等待，其实见仁见智。当然筑地寿司名店辈出，寿司大并非唯一选择，等或不等，就看你对寿司的热情了。

江户寿司的时尚诠释

创业四百年仲钿
纪之重 新馆

价格等级： ☆☆ **交通：** 都营大江户线筑地市场站徒步6分钟，地下铁日比谷线筑地站徒步5分钟 **地址：** 中央区筑地6-26-6 **电话：** +81-3-5565-3511 **时间：** 11:00~15:00（L.O.14:30）、17:00~23:00（L.O.22:00） **价格：** 中午套餐2700日元、4000日元，晚间套餐5000日元、6500日元 **分店：** 筑地市场另有本馆，银座也有分店

❶

❶一口大小的握寿司，每颗都蕴含海洋的鲜美　❷总料理长柳博史聚精会神地捏制寿司
❸一握入魂代表的是对于米饭、寿司醋和配料的完美坚持
❹新馆是纪之重的新概念寿司店，寿司搭配爵士乐与葡萄酒

暖黄色的灯光投射在吧台上，爵士乐的旋律悠扬响起，若非看到总料理长柳博史背后"一握入魂"几个大字，还以为自己走入优雅的酒吧。

纪之重早从江户时代开始，就在筑地市场挂牌批发海鲜鱼货，秉持400年经验累积，纪之重将触角延伸到寿司料亭，让顾客能以大盘成本价，品尝到高质量的寿司。

由于每日进货状况不同，店里并没有菜单，而是靠着师傅、依照当日鲜鱼，以理性和感性，一握入魂捏出美味的握寿司。纪之重的寿司最特别之处，在于所使用的寿司醋为熟成5年的赤醋。"这才是传统江户寿司的做法。"柳料理长说道。

为了引出食材最原始的滋味，纪之重的寿司不用海苔，也不需蘸酱油，就连海胆寿司也是，因为当海胆鲜甜到极致时，其他配料反而显得无味。另外，捏白肉鱼时先以紫苏垫着，让肉身黏附淡雅馨香，肥嫩的鲔鱼上腹肉以火炙烧，逼出多余油脂，创造出甜润不腻口的美妙口感，精准的料理手法，让每贯寿司都成为一门艺术。

坐在吧台听着爵士乐，品尝精致寿司，兴之所至还能点杯葡萄酒，尝试创新搭配。柳料理长虽然对制作寿司吹毛求疵，对顾客却是谈笑风生，就算初次造访也能轻松融入。遇到外国旅客，他还会以英文介绍，让远道而来的顾客们也能认识江户寿司的文化。

百年传承江户寿

筑地寿司清

价格等级： ☆☆ **交通：** 都营大江户线筑地市场站徒步3分钟，地下铁日比谷线筑地站徒步5分钟 **地址：** 中央区筑地4-13-9 **电话：** +81-3-3541-7720 **时间：** 08:30~14:00, 17:00~20:00，周六08:30~20:00，周日09:30~20:00 **休日：** 周三 **价格：** 握寿司160日元、季节握寿司（限定季节の握り）1728日元 **网址：** www.tsukijisushisay.co.jp **分店：** 筑地、银座、上野等地另有分店，请参考网站信息

❶和寿司师傅的互动，也是江户寿司的魅力之一
❷❸❹寿司内容依季节变动，取最新鲜的食材制作握寿司

在东京拥有相当高知名度的寿司清本店就位于筑地市场边，创业至今已经有120余年的历史，坚持制作最传统的江户前风味寿司，在筑地市场是无人不知、无人不晓的老牌店铺。

寿司清所使用的食材严选自筑地最新鲜的渔获，在寿司职人的巧手下，鲔鱼肚、鲑鱼、干贝、透抽等当日海产，和鲜味十足的醋饭融合出最恰当的美味。除了寿司以外，鲷兜煮（口味甜辣的煮鱼头料理）等各式炖煮或烧烤的鱼贝类，也是很受欢迎的菜色。

虽然是传统的手捏寿司店，但寿司清店里气氛融洽，面对外国客人也十分热情。坐在吧台欣赏江户职人技艺，和师傅寒暄，认识寿司种类也是品味寿司的乐趣之一。

鲜鲔鱼文字烧

もんじゃまぐろ家本店

价格等级： ☆☆　**交通：** 地下铁有乐町线、都营大江户线月岛站徒步3分钟　**地址：** 中央区月岛3-7-4　**电话：** +81-3-3531-8600　**时间：** 11:30~23:00（L.O.22:15）　**价格：** 鲔鱼文字烧（まぐろもんじゃ）1030日元、坂井特制文字烧（坂井スペシャル）1540日元　**分店：** 浅草与月岛西仲均有分店

❶味道香浓的文字烧是正统江户小吃　❷マグロ总店在月岛的巷弄之中，西仲通也有分店
❸顾客自己DIY煎文字烧，首先将蔬菜配料在烧热铁板中围成圆圈，接着将酱汁倒入圆圈中拌炒均匀后，摊平即可　❹招牌鲔鱼文字烧放入大块鲔鱼

位于月岛的巷弄中，まぐろ家避开热闹的文字烧街道，以肥美有料的鲔鱼文字烧吸引顾客上门，从墙上悬挂的明星合照可知，许多名人也是まぐろ家的忠实顾客。

店内气氛就像家一样温馨，伴随着铁板蒸腾的热气与酒精催化，顾客们个个满脸通红，兴致高昂。老板最自豪的鲔鱼文字烧，酱料上放满艳红鲔鱼，下锅用高温锁住肉汁，独特的鲜鱼香味和文字烧的酱油味彼此交融，在铁板上煎得表皮焦脆，只是闻到那浓香就叫人口水直流。

店里除了文字烧，也有大阪烧、铁板烧等菜色，渔获都是老板一大早从筑地市场采购，如奶油大牡蛎、香煎鲍鱼等，高档滋味以庶民价格提供，平民小吃大碗满意。

场内市场排队觉悟名店

位于筑地市场内部，过去曾经是市场工人们工作后饱腹的餐厅，却因为公认的鲜鱼质量与超值价格博得高人气，无论何时店门口必定大排长龙，不仅日本顾客多，从海外慕名而来的游客也不在少数。

极品海鲜丼
仲家

海鲜丼的专家仲家，每到用餐时间就会出现长长的排队人龙，没有耐心等个半小时是吃不到的。店外广告牌放了琳琅满目的丼饭相片，光鲔鱼加上海胆、鲑鱼卵、牡丹虾等各色海鲜，就有数十种不同的搭配，市场渔获加上合算价格，令人吃得心满意足。

交通：都营大江户线筑地市场站徒步3分钟，地下铁日比谷线筑地站徒步10分钟 地址：中央区筑地5-2-1 筑地市场8号馆 电话：+81-3-3541-0211 时间：05:00~13:30 休日：周日、休市日 价格：鲔鱼海胆鲑鱼卵综合丼(トロウニイクラ丼)1700日元

烤鳗鱼饭大满足
米花

烤鳗鱼饭也算是江户料理之一，在场内市场的米花有超过百年历史，卖的就是新鲜现烤鳗鱼饭，烤鳗鱼的独特焦香把路过的客人们勾进店里。热腾腾的白饭上头，盛着油亮肥厚的烤鳗鱼，光看就口水直流，其他像鲑鱼饭或海鲜单品料理也深受好评。

交通：都营大江户线筑地市场站徒步3分钟，地下铁日比谷线筑地站徒步10分钟 地址：中央区筑地5-2-1 筑地市场8号馆 电话：+81-3-3541-5670 时间：05:00~13:00 休日：周日、休市日 价格：鳗鱼饭1500日元

排满鲜美海产的海鲜丼
大江户

紧邻海鲜丼店仲家，人气不相上下的大江户就像是在互争雄长一样，比等待队伍长，也比海鲜丼的种类和用料。丰富的丼饭选择令人目不暇接，鲔鱼腹肉油花丰富鲜度一流，橙黄的海胆引人食欲。店里还有每日限定的鲔鱼边肉，只要千元就能吃个痛快。

交通：都营大江户线筑地市场站徒步3分，地下铁日比谷线筑地站徒步10分钟 地址：中央区筑地5-2-1 筑地市场8号馆 电话：+81-3-3547-6727 时间：04:30~14:30 休日：周日、休市日 价格：函馆丼2600日元、大江户海胆7点上丼（大江户ウニ盛り7点上丼）3650日元 网址：www.tsukiji-ooedo.com

老牌人气排队寿司
大和寿司

大和寿司早年是市场工作人员用餐的小店，现在则因为生意实在太好，常能见到各国人潮，并且接连拥有两家店面。大和寿司的老板对于选购渔获很有眼光，不单选出当日最新鲜的渔货，还能挑出行家眼中最肥美的部位，店内狭长的吧台座位和快节奏的气氛，很有市场情调。

交通：都营大江户线筑地市场站徒步3分钟，地下铁日比谷线筑地站徒步10分钟 地址：中央区筑地5-2-1 筑地市场6号馆 电话：+81-3-3547-6807 时间：05:30~13:30 休日：周日、休市日 价格：寿司一贯300日元起、单人套餐3500日元

场外市场卖鱼小哥最爱小吃

筑地早晨的热闹市场、人潮汹涌的美味老店……映照出的都是一份带着怀旧气息的东京庶民风情。来到这里，从味觉开始，一同感受东京古早味的迷人脉动吧！

闪耀烤鸡肉饭
とゝや

　　藏身在场外果菜市场的角落，とゝや店面虽小，名气却很响亮。这里的招牌料理就是碳烧鸡肉丼，鸡肉块以炭火直烤，放在晶莹剔透的白饭上，弹牙多汁的肉质深获好评，微焦表皮让味觉更有层次。老板还在桌上准备酱汁，想要吃浓一点可自行添加。

交通：都营大江户线筑地市场站徒步6分钟，地下铁日比谷线筑地站徒步3分钟　地址：中央区筑地6-21-1　电话：+81-3- 3541-8294　时间：09:00～14:00　休日：周日、休市日　价格：烧鸟丼1150日元

大碗饱足印度咖喱
中荣

　　创业于大正元年的中荣是咖喱专卖店，曾经多次登上报刊杂志，是谨守传统口味的老字号咖喱名店。店里的主食菜单就是甜味的牛肉咖喱、辣味的印度咖喱和日式牛肉烩饭3种，可以选择单点一种口味或是双拼，分量十足，还会附上大把的高丽菜丝。

交通：都营大江户线筑地市场站徒步4分钟，地下铁日比谷线筑地站徒步6分钟　地址：中央区筑地5-2-1 筑地市场1号馆　电话：+81-3-3541-8749　时间：05:00～14:00　休日：周日、休市日　价格：咖喱、牛肉烩饭550日元，双拼650日元　网址：www.nakaei.com

80年金黄玉子烧
大定

　　寿司店和日式料理店少不了传统的玉子烧，也使得筑地市场出了几家有名的玉子烧老店。大定是创业已有80年的人气名店，口味偏甜的玉子烧除了传统风味，也将市场的海鲜和各种新鲜配料入菜，有葱花煎蛋、海苔煎蛋、蟹肉煎蛋等各种口味，甚至推出凉梅、松茸等季节限定商品。

交通：都营大江户线筑地市场站徒步4分钟，地下铁日比谷线筑地站徒步6分钟　地址：中央区筑地4-13-11　电话：+81-3-3541-6964　时间：08:00～15:00　休日：周日、休市日　价格：筑地野（つきじ野）680日元、江户高汤烧（江户だし烧）780日元　网址：www.daisada.jp　分店：场内另有分店，请参考网站信息

怀旧的牛肉蛋包饭
豊ちゃん

　　这家筑地无人不知无人不晓的老店，是在筑地市场工作一天的鱼贩们活力的根源。早在大正时代就卖起洋风美食，豊ちゃん的料理单纯中有最实在的美味；淋上一大匙牛肉酱的蛋包饭，沾满咖喱的炸猪排，料多味美成功征服鱼贩的心。

交通：都营大江户线筑地市场站徒步4分钟，地下铁日比谷线筑地站徒步6分钟 地址：中央区筑地5-2-1筑地市场1号馆 电话：+81-3-3541-9062 时间：06:30~14:30 休日：周日、休市日 价格：猪排咖喱饭（カツカレーライス）1010日元、牛肉蛋包饭（オムハヤシライス）1050日元

香喷喷牛肉盖饭
きつねや

　　专卖炖牛肉料理的狐狸屋是筑地的人气名店，光看老板搅动着那锅咕噜咕噜冒着泡的炖牛肉，就让人垂涎三尺。除了牛丼外，强烈推荐本店的牛杂，香软滑嫩的筋肉加上香葱，口味虽然偏咸了些，不过正是老江户们喜爱的好味道。

交通：都营大江户线筑地市场站徒步4分钟，地下铁日比谷线筑地站徒步6分钟 地址：中央区筑地4-9-12 电话：+81-3-3545-3902 时间：07:00~13:30 休日：周日、休市日 价格：牛丼630日元，炖煮牛杂（ホルモン煮）600日元

腌鲔鱼盖饭的专家
濑川

　　濑川是家单卖腌鲔鱼盖饭的小摊，也是筑地第一家卖腌鲔鱼盖饭的元祖店。新鲜的鲔鱼肉，经过特制的酱料秘方稍微腌渍之后，大方地铺在精选白米饭上，配上简单的海苔、山葵末、姜泥与生鱼片酱油，就是鲜甜自然的绝妙美味。每天贩卖的盖饭数量限定，想品尝可要趁早。

交通：都营大江户线筑地市场站徒步4分钟，地下铁日比谷线筑地站徒步6分钟 地址：中央区筑地4-9-12 电话：+81-3-3542-8878 时间：07:30~12:30（售完为止） 休日：周日、休市日

来一碗立食荞麦
深大寺そばまるよ

　　以立食(站着吃)闻名的老店深大寺そばまるよ已有半世纪以上的悠久历史，为在市场辛勤劳动的人们提供快速便宜的好味道。细细的荞麦面条配上清爽的酱油汤底，无论是热乎乎的炸什锦荞麦面或是滋味单纯的荞麦凉面，四季都能品尝得到。

交通：都营大江户线筑地市场站徒步4分钟，地下铁日比谷线筑地站徒步6分钟 地址：中央区筑地4-9-11 电话：+81-3-3542-1777 时间：夏季05:00~13:30，冬季05:00~14:00 休日：周日、休市日 价格：炸虾荞麦面（えびそば）750日元 网址：www.moyan.jp

文字烧发源地月岛

在有"月岛文字烧街"之称的西仲通商店街，短短400米的街道上齐聚了35家文字烧店，可以来这里品尝独特的怀旧滋味。

巷子里的人气小店
はざま

　　处于文字烧的激战区，はざま的位置并不在大马路旁，而是隐身在小巷子之中。即便如此，老字号招牌与朴实的口味，仍吸引许多老饕慕名前来。除了文字烧料理之外，这里最特别的就是餐后甜点了，用铁板煎出个饼皮，再放入红豆馅，油味引出面皮的焦香，配上绵密的内馅，热热吃起来有种古老的怀念滋味。

交通：地下铁有乐町线、都营大江户线月岛站徒步6分钟　地址：中央区月岛3-17-8　电话：+81-3-3534-1279　时间：11:00~22:00　价格：はざま特制文字烧（はざまSpecialもんじゃ）1450日元

传统江户口味文字烧
麦

　　位于西仲通上的麦是一家像日本传统家庭的店家，店内不大，却洋溢着温馨感。每到中午用餐时间或是周末，总是大排长龙，一定要试试店长最自傲的"特别文字烧"，含有猪肉、玉米、鲑鱼、花枝、虾子等多达10种材料，料多实在，是本店的招牌料理。

交通：地下铁有乐町线、都营大江户线月岛站徒步2分钟　地址：中央区月岛1-23-10　电话：+81-3-3534-7795　时间：11:30~22:00　休日：周一　价格：特别文字烧（スペシャルもんじゃ）1450日元

五感文字烧
おしお 和店

　　知名度甚高的おしお属于月岛的元老级店，光是在西仲通商店街上就有3家店面。其中和店因为装潢明亮整洁，特别受到年轻女性欢迎。招牌的什锦文字烧"五目"，加入猪肉、虾子、章鱼、花枝、炒面，可品味到5种不同的口感，是来此必点的菜单。

交通：地下铁有乐町线、都营大江户线月岛站徒步5分钟　地址：中央区月岛1-21-5　电话：+81-3-3532-9000　时间：11:00~22:30　价格：什锦文字烧（五目もんじゃ）1100日元

餐盘是大厨们挥洒技艺的舞台，
一道道招牌菜肴是智慧与技巧的结晶。
有些料理，会让你念念不忘，
有些餐厅，会让人不自觉地挪动脚步，不远千里专程造访，

无关价格，也不受大餐厅或小食堂的影响。
所谓极品，就是当一切都炉火纯青时，至高无上的由衷感动。

俺のフレンチ GINZA

以"站着吃的法式料理"为号召，
俺のフレンチ系列餐厅率先以立食方式，
大幅降低法式料理价格，
当一块鹅肝牛排等同于一场电影时，
你可以想见门口大排长龙的原因了。

极 味 之 选

おすすめ！

★ 鹅肝、龙虾……顶级料理破盘价

★ 从酱料到摆盘都不输星级餐厅

★ 布川主厨精湛的法式料理技巧

开 店前1小时，门口已经坐了四五组客人，好整以暇地等待着。

踏进俺のフレンチ餐厅之前，你无法想象法式料理要如何立食，也不能够理解为什么要等2小时，只为了站着吃一顿饭。然而，一切都将在进门后改观，让顾客的表情从狐疑转变为心满意足的，正是来自大厨的精湛手艺。

关于立食的突发奇想

红遍日本的"俺の"系列餐厅，是彻底颠覆饮食界规则的崭新餐厅模式，让高级餐厅以立食方式增加翻桌率，彻底降低成本，就像廉价航空一样，质量不变，却能够以1/3的价格提供给顾客。

"俺の"餐厅除了法式料理，还有意大利、日式等姊妹餐厅，"俺の"餐厅不只以低价策略吸引顾客，更靠坐镇每家餐厅的主厨巩固口碑，因此每家店皆为独立个体。银座店主厨布川铁英在法式料理界已有35年经验，秉持着不妥协的精神，他坚持以逼近成本的超低价，提供高级法式餐厅等级的极品美馔，许多顾客就是冲着他的手艺，痴心排队，无怨无尤。

俺のフレンチ GINZA（我的法国料理 银座）

价格等级：☆ ☆ ☆
交通：JR、地下铁各线新桥站徒步1分钟，地下铁各线银座站徒步7分钟
地址：中央区银座8-7-9
电话：+81-3- 6280-6435
时间：16:00~23:30（L.O.22:00，卖完为止）
价格：牛菲力与鹅肝佐松露酱（牛ヒレ肉とフォアグラの ロッシーニ）トリュフソース1480日元、甜虾冷盘（甘エビのタルタルキャビアをのせて）680日元、烤活龙虾（活オマールのロースト）1480日元
网址：ja-jp.facebook.com/oreita.orefure

美味才是一切

餐厅每天都会推出限量的破盘价餐点，如一日供应50份的鹅肝牛排就是开业以来的招牌菜色。比拳头还大的美国菲力牛排，上头放着90克将近1厘米厚的香煎法国鹅肝，搭配以白兰地、波特酒、高汤等熬煮的松露酱汁，以及焗烤马铃薯，要价1480日元。

切开厚实牛排，中间是鲜嫩的粉红色，肉质柔软无比，满溢着香浓肉汁。鹅肝肥腴不腻，滑润香气萦绕舌尖，和肉汁在口中跳着圆舞曲，松露酱汁味道分明，浓郁的松露滋味把这道料理提升到更高的境界。无以伦比的完美平衡，美味到让人想跳起舞来！"这道菜的成本为卖价的95%。"主厨笑

说。走在亏本的边缘，为了让更多顾客品尝美味的法式料理，主厨简直是豁出去了。

前菜甜虾冷盘，使用13~15只鲜美甜虾，配上库司库司沙拉，佐复盆莓果冻与百香果酱汁，更别提上头还放了一大匙鱼子酱，光卖相就值得食指大动，价格呢？一道680日元，再次让人跌破眼镜。

虽然是夜间营业，但厨房7位师傅从一大早就开始准备，花费数小时到数天熬煮酱料、准备食材，法式料理该注意的细节一项也不马虎。立食虽然辛苦了些，但实惠都回归到顾客身上——绝对美味和超乎想象的价格，让人心甘情愿成为法式立食的一份子。

让人魂牵梦萦的极品寿喜烧

浅草今半

浅草街上的百年老字号——浅草今半。

从江户时代贩卖"牛锅"至今，

浓郁酱汁香气和鲜嫩牛肉迷倒了各个世代的人们，

只有吃过顶极黑毛和牛，

才知道什么叫作感动到想哭的美味。

粉嫩如同牡丹花瓣，均衡的油脂分布又像是初降的霜雪，极品和牛有着难以抵挡的魅力，入口即化的美妙口感，攻陷所有老饕的味觉神经。

创业于明治二十八年（1895年），浅草今半恪守着老铺骄傲，代代守护老江户的味觉本色，一道牛锅跨越一世纪，靠的就是对牛肉质量的究极坚持。

神户牛一出，谁与争锋

烙印着今半字样的铸铁锅放在炉上，服务生倒下少许酱汁，烧热铁锅顿时滋滋作响，酱油浓香随蒸气窜出。先用筷子夹起两片细嫩鲜美的和牛，放在铁锅内半涮半煎，待油脂溶入酱里，再陆续加入白菜、春菊、豆腐、洋葱、蒟蒻丝等配菜。牛肉的红、蔬菜的绿，以及豆腐的白，构成让人丧失理智的美味风景。

极 味 之 选

おすすめ!

★ 人间极品! 入口即化的超嫩和牛

★ 百年传承的正统江户风味寿喜烧

★ 吃到赚到的超值午餐和牛盖饭

牛肉一变色即马上取出, 沾附打散的蛋液, 在牛肉、蛋汁都在欲熟还生的状态下送入口中, 蛋香包覆着甘美油花, 牛肉每口都是软嫩, 肉汁融化每一寸纤维, 也融化了味蕾……前所未有的销魂冲击, 原来这就是属于5A牛的滋味。

说实在话, 和牛到处都有, 和牛汉堡、和牛涮涮锅、和牛烧烤等不胜枚举, 但即便是和牛也有高下之别, 浅草今半的和牛, 在

软嫩肉质之外, 还多了风味——肥肉的甘甜对比瘦肉的口感和肉汁, 一张一弛之间, 美妙得让人眼角含泪。

百年老店的金字招牌

探究今半寿喜烧为何如此美味, 首先肉的质量是成败关键。今半只选最高等级, 也就是4A、5A级的和牛, 整头牛只使用沙朗与菲力的部位, 在专门场所10日熟成, 待尽

浅草今半

价格等级：午餐☆☆ 晚餐☆☆☆☆

交通：地下铁各线浅草徒步15分钟，筑波快速（つくばエクスプレス）浅草站徒步1分钟

地址：台东区西浅草3-1-12

电话：+81-3-3841-1114

时间：11:30~21:30（L.O.20:20、午餐11:30~15:00）

价格：神户牛寿喜烧御膳（神户牛すき焼御膳）13000日元、寿喜烧御膳（すき焼御膳）8000日元、寿喜烧午餐御膳（すき焼昼膳）3500日元、明治寿喜烧丼（明治すきやき丼）2000日元

网址：www.asakusaimahan.co.jp

善尽美之后才会送到顾客桌前。所有牛肉都有身份证，在菜单中更细分黑毛和牛、铭饼牛，以及拿下最优秀奖的神户牛3种等级，以严苛选牛标准，构筑极品和牛的金字塔。

江户寿喜烧源于明治时代，当时牛肉腥臊味重，因此店家在调味料下足重口味。让人始料未及的是，原来传统酱油和属于新风潮的牛肉料理竟然如此合搭，酱油、砂糖和高汤自此成为关东寿喜烧的主要成分。传承到今天已经是第5代的浅草今半，守护着江户的老味道，严选提升寿喜烧美味的蔬菜、千住葱、浅草手工豆腐和新潟的白米，优质配角让主角的登场更加引人入胜。

万般讲究的极品和牛，所费不赀在所难免，舍不得荷包还有超值午间套餐可选择，放了半熟蛋与肥嫩牛肉的寿喜烧丼，以及午间的寿喜烧套餐，不用散尽家财也可以尝到高级和牛的美味，也难怪中午总是座无虚席，大受海内外游客好评呢。

撼动五感的食艺舞台。
引领人们踏入由灯灯庵所创造，
庭院深深，微弱灯光点亮曲折小径，
天空弥漫幽暗的薄雾。木门垂檐、
夜幕逐渐低垂，

極 味 之 選

おすすめ!

★ 在江户时代老宅品尝怀石料理

★ 新派茶食带来前所未有的五感冲击

★ 性价比高，料理高贵不昂贵

搭乘普通电车摇摇晃晃，窗外从熟悉的水泥丛林逐渐转变为宁静安逸的郊区风景，人还在东京，眼前却已然是另一个世界。临近东京最原始天然的多摩地区，灯灯庵选择在市郊东秋留落脚，刻意与都会保持若即若离的关系，让来自东京的客人们能够换个心情，走入由灯灯庵精心安排的，犹如剧场般独特的空间美学中。

老屋新生 江户老宅餐厅

　　这场盛宴的舞台，是建于江户时代、拥有250年历史的古老家宅。经过几番寻觅，好不容易找到藏身在民宅间的灯灯庵，没想到跨过木造大门，仍旧看不到餐厅踪影，绿意掩映下，幽深小径指向看不见的尽头。

　　穿过小径，怀抱节节高升的忐忑心情，耸立身前的是一幢古老木屋，窗子透着黄光，比起餐厅，更像是停驻在时空中的民居。迎接顾客的序曲，不是杯觥交错，而是一个小巧艺廊，继续向内探索，日式庭院、吧台、优美的竹林、回廊……犹如舞台上的场景转换，富有变化的空间演出相当耐人寻味。用餐区可选择在2楼庭院中，或是面对竹林的包厢，每次用餐经验都显得独一无二。

从茶道发想的料理美学

　　"灯灯庵"的名称，来自于"灯灯无尽"的概念，传统文化与料理薪火相传，即使幽微，依然缘起不灭。依此理念，灯灯庵选择以老屋作为传承起点，让料理与艺术在蕴含历史的空间中，产生精彩的化学变化。

　　店主以茶为师，料理一如茶道，是触动五感的整体演出。茶家重视自然，灯灯庵也致力于呈现四时之美，瓶中盛开的鲜花点出季节性，空间设计、摆设与背景音乐刻意显得低调不张扬，表达和清静寂的日式气氛。在自然绿意、精致器皿与整体气氛的烘托下，盘上料理显得分外可口，带给远道而来的顾客味觉以上的感动。

灯灯庵

价格等级：☆ ☆ ☆
交通：JR五日市线东秋留站徒步10分钟
地址：あきる野市小川633
电话：+81-4-2559-8080
时间：11:30~15:00、17:00~22:00
休日：周二
价格：正午怀石 椿4500日元、樱5500日元、枫8000日元、美山10000日元，晚餐怀石灯（あかり）6000日元、花8000日元、月10000日元
网址：www.toutouan.net
注意事项：请电话预约

会说故事的料理

　　故事来到高潮，主厨端出料理隆重登场。看到摆盘精美的茶食料理，忍不住想"哇"地叫出声，数人份的料理集中在大盘内，犹如一幅优美的静物图。初夏料理的生鱼片，青竹上盛放真鲷、红鳟，搭配水茄子、茗荷，小黄瓜和南瓜轮切成圆形，仿若从叶稍滴落的水珠。海鱼与河鱼的搭配组合，口感清爽中创造巧妙对比，相当耐人寻味。

　　前菜5品，藏在竹笼中以青叶覆盖，象征初夏插秧时，农夫挂在腰间的秧笼。内容包括炸川虾配茗荷味噌佐杏子甘露煮与酸甜

甘薯、辣拌王菜、鳗鱼配白瓠瓜和茗荷、毛豆冷汤、川鱼山椒煮，变化丰富的夏日青蔬来自周围农家，清凉开胃深得女性喜爱。

　　主菜之一的烧物端上烤香鱼，作为夏季代表美食，香鱼的登场并不让人意外，难得的是烤鱼上场时还飘着冉冉青烟，香鱼塑造成在川中优游的形态，意境与风味都做足了。

　　同样的环境和料理，在东京都内可是打着灯笼也找不到，午间怀石8道菜肴5000日元有找，酒足饭饱后，充实的不仅是肚皮，包括心灵与荷包，也一并让人心满意足。

Tapas Molecular Bar

前卫、创意、而且美味！欢迎来到Tapas Molecular Bar的料理实验室，在这里你将重新解构、品味并享受那些熟悉的好味道，关于美食，解放对料理的想象力，还有更多新鲜有趣的乐子值得探索。

极　味　之　选
おすすめ！

★ 创意菜肴彻底颠覆对料理的既有印象

★ 五星级饭店餐厅，尊荣的环境与享受

★ 近距离看大厨秀厨艺

这是一个只有8张座椅的私厨空间，寿司吧形式的方形吧台围成工作区，两名大厨与数名助手仿佛变魔术一般，利用针筒、液态氮容器、试管变化出各种前所未见的新奇美食，没有隔墙，也没有内外场的界线，在一天仅上演两次的疯狂美食实验秀中，每位顾客都是超级VIP。

不只是分子料理

餐厅在东京东方文华酒店38层，位于远眺皇居与新宿的景观咖啡厅Oriental Lounge中央，仅8人的吧台座位就像是剧场的特等席，大厨在眼前近距离演出，飞动的双手像在跳舞。和一般餐厅不一样的是，这里你看不到热锅快铲，直到菜色入口以前，压根猜不出会是什么菜色。

菜肴上桌，黑色岩盘上……是一小碟鹅卵石！挑起一颗来咬咬看，原来是香甜的煮马铃薯，刷上一层又一层灰色薄面糊后，就变成了

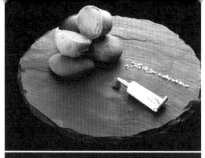

以假乱真的鹅卵石。主厨在所有石头中只放了一颗正牌货，大伙吃得战战兢兢，乐趣横生。

充满匠心的烹调创意，让分子料理变得更有人情味，在Tapas Molecular Bar不少菜色就是如此。食材在结构上并没有太大改变，蔬菜依旧清脆，而肉类还是一样软嫩多汁，和传统料理的差别只在于呈现方式，不按牌理出牌，彻底颠覆视觉感官，创造耳目一新的感受。

欢乐料理实验室

"我们的目标，就是提供给顾客前所未见，同时美味的料理。"两位主厨之一的周雁平说。他来自香港东方文华酒店知名的分子料理餐厅库克厅，各种天马行空的创意，要让来用餐的客人们惊喜地叫出声来。

一顿饭下来约20道菜，每道多为一两口大小，分子料理招牌绝技像泡沫化、真空慢煮、果冻等一样都没少，无论有没有尝试过，当厨师就在眼前表演时，娱乐效果就是不同。比如豌豆汤搭配火腿与薄荷做成果冻球，眼见厨师用试管滴下一颗颗碧绿通透的豌豆球，总是让在场顾客瞪大眼睛，恨不得马上拿汤匙送到嘴里。

处于日本饮食文化首善之都，Tapas Molecular Bar也将传统日本料理重新解构，像是国民美食牛丼，在这里变成花6小时以52℃低温慢煮的和牛，搭配洋葱糊与香脆白米花，纤细肉质入口即化，让庶民美味咸鱼翻身，还增猜猜看的乐趣。甜点"和纸"递给顾客一个信封，打开后里面是一张信

签——以棉花糖和糖花做成，犹如融化人心的甜美情书。

高水平的料理演出，并以创新手法演绎日式美食，让Tapas Molecular Bar得到米其林一星肯定。出奇制胜的感官体验，让料理变得充满乐趣，惊喜声不断。

Tapas Molecular Bar（タパス モラキュラーバー）

价格等级： ☆☆☆
交通： 地下铁银座线、半藏门线三越前站，出口徒步2分钟直达
地址： 中央区日本桥室町2-1-1 东京东方文华（Mandarin Oriental东京）38F
电话： +81-3-3270-8188
时间： 18:00、20:30
价格： 套餐15000日元
网址： www.mandarinoriental.co.jp/tokyo
注意事项： 预约制，务必电话预约

和食的美丽境界
新宿割烹 中嶋

在旅客之间负有盛名的中嶋，因为推出千元有找的超值午间套餐，被称为：「最好摘的米其林一星」。家装生活美学大师北大路鲁山人的和食理念，执著于每个小细节，牵引日本人最纤细的美学神经。

新宿三丁目的闹区一隅，毫不起眼的门口至外头，未到正午就已经排了一长串人龙。他们正等着新宿割烹中嶋打开大门，供应别地方找不到的超值午餐定食。

1962年开始在新宿街角营业至今，中嶋即得米其林一星餐厅称号，仍然在每天中午供应800日元的平价午间定食，餐点清一色是价廉味美的柳川锅、炸物等选择。他说美味的鱼，让年轻人也能享受美味的鱼。他笑着说，师傅们在食材上选用最普通的平民食材星级的料理。

数上班族

新宿割烹 中嶋

价格等级：午餐☆ 晚餐☆☆☆☆
交通：JR、地下铁各线新宿站徒步3分钟、地下铁各线新宿三丁目站徒步2分钟
地址：新宿区新宿3-32-5 日原ビルB1F
电话：+81-3-3356-4534
时间：11:30~14:00（L.O.13:45）、17:30~22:00（L.O.20:00）
休日：周日
价格：午餐炸竹荚鱼定食800日元、竹荚鱼柳川锅定食900日元、午间会席（昼の会席，最少两人，需于前日预约）1人5000日元、主厨套餐（おまかせコース）8000日元
网址：www.shinjyuku-nakajima.com

原味觉醒 割烹美学

　　新宿中嶋可以说是日本料理界的滥觞，其中的灵魂人物就是店主中嶋贞治，他同时也是东京凯悦丽晶酒店（Hyatt Regency Tokyo）以及多家高级餐厅的料理顾问，在媒体和饮食界赫赫有名。

　　中嶋贞治的料理之所以能为顾客带来味觉上的感动，主要原因便是来自日本生活美学大师鲁山人的启发。北大路鲁山人身兼陶艺家、篆刻家、料理家、美食家等多重身

份，他对日本料理的独到见解影响后人至深，美食评论《料理王国》如同日本料理界的圣经，被众多料理人奉为圭臬。

　　鲁山人曾经开设高级会员制餐厅"星冈茶寮"，担任第一代料理长的中嶋贞治郎即中嶋贞治的祖父。贞治郎后来在银座创立"中嶋"，传到第三代后兄弟自立门户。中嶋贞治凭借高超的料理手腕，以鲁山人的理论为中心思想，擦亮新宿中嶋的金字招牌。

极 味 之 选

おすすめ!

★日本料理名厨中嶋贞治的手艺

★忠实生活大师鲁山人的料理境界

★午餐千元有找,最超值的米其林一星

数十年如一日的厨人魂

中嶋贞治的料理讲究留白与平衡之美,料理以引出食材最生动的美味为原则,看起来非常简素,也少有大鱼大肉。私心以为品尝中嶋的料理需要一些年龄累积,才能沉淀心灵,吟赏化繁为简的纯真味觉。

夏季推出的和风绿沙拉,采用秋葵、胡瓜、大叶、酪梨等6种绿色蔬菜,与芝麻山葵风味的酱料混合。乍看朴实,品尝后6种口感相互交融、碰撞,味觉惊喜足见料理长掌握食材的功力。另一道无花果淋胡麻味噌,是源于鲁山人的菜谱,将整颗完熟无花果蒸出甜味,如制作法式荷兰酱的方法,将蛋黄、酒、芝麻、味噌等依序隔水加热混合。独门的玉味噌滑润香浓,无花果的饱满清甜,与如珍珠般洒落的鲑鱼子、巴西利融为一体。突破东西藩篱,无所不用其极唤醒食材独道美味,正是中嶋流割烹料理的极致表现。

让人期盼早晨的极品Brunch

Sarabeth's

到底是怎样的早餐，

让纽约客如痴如狂，甘愿大排长龙痴痴等候？

被称为纽约·早餐的女王，

Sarabeth's点燃日本全国的早餐战争，

以手作糕点风味唤醒每个女孩的甜点细胞

每天早晨从味蕾开始好幸福。

极 味 之 选

おすすめ!

★ 超人气话题早餐，日本美食界的流行教主

★ 难以抗拒的自制果酱与法式吐司、松饼

★ 号码牌预约叫号，大幅节省排队时间

松饼热潮还方兴未艾，全日本又陷入新的早餐风潮中，哪里有好吃的法式吐司、班尼狄克蛋，成为日本年轻女性的热门话题。全美各地的知名早餐店纷纷跨海卡位，其中最受瞩目的，就是称霸纽约的早餐女王Sarabeth's。

从果酱开始的早餐梦

超人气早餐店Sarabeth's是一家超过30年的老字号，1980年创始人Sarabeth Levine使用家族代代相传200年的古老食谱，开始制作并贩卖手工果酱，一步一脚印构筑她的早餐王国。直到今日Sarabeth's在纽约拥有10家分店，以无比美味的松饼和早餐，赢得嘴刁的纽约客追捧。

新宿店是Sarabeth's的第一家海外分店，蓝白色招牌对照清爽的乡村风格设计，木柜里摆放生活小物，Sarabeth's字样的商品与招牌手工果酱，酝酿早晨明亮悠闲的气氛。店里从早到晚只卖早餐，无论何时来店，都能享有晨光好心情。

地道美式甜蜜风味

店内早餐是地道的美式风味，Sarabeth's

对细节特别有一套，平凡的松饼、吐司到她手上，总有法子变得与众不同。像是经典的里考塔松饼，4大片撒了糖粉的松饼外观并没什么特殊之处。品尝后才发现，甜美松软的口感中，有着淡淡的起司香。原来她在面糊中加入微酸的里考塔起司以及柠檬皮，而且面糊还得不多不少地醒3天，才能让面粉味尽除。刚煎好的松饼其实直接吃就很完美，不过淋上枫糖浆和奶油，搭配莓果以后，酸甜平衡让风味更立体，香气轻盈怎样都吃不腻。

另一道人人必点的还有法式吐司，

Sarabeth's觉得一般使用的法国面包味道太咸，因此特别制作法式吐司专用面包，同时刻意调制不加糖的蛋奶酱汁降低甜度。切片面包轻蘸酱汁后，下锅煎到表面焦黄，搭配成熟红艳的草莓、打发奶油与枫糖浆，趁热送上桌。满溢而出的蛋香与奶油构成最美妙的化学变化，焦脆外皮，绵软的表层口感，以及保留面包香气的内芯，三重美味一层迭一层，舌头好像在走楼梯，而横流的枫糖浆以及半融奶油接着让理智失守，沉浸在难以言喻的甜蜜感中。

Sarabeth's 新宿店（サラベス新宿店）

价格等级：☆☆
交通：JR、私铁、地下铁各线新宿站南口徒步1分钟
地址：新宿区新宿3-38-2 Lumine2 2F
电话：+81-3-5357-7535
时间：09:00~22:00（L.O.餐点21:00、饮料21:30）
价格：法式吐司（フラッフィー フレンチトースト）1250日元、柠檬里考塔起司松饼（レモンリコッタ パンケーキ）1450日元、班尼狄克蛋（レモンリコッタ パンケーキ）1450日元
网址：sarabethsrestaurants.jp
分店：除新宿店外，品川、代官山均有分店，请参考网站信息

半熟蛋的即兴演出

　　咸食方面还有早餐的王者班尼狄克蛋。首先用英式马芬垫底，承接烟熏火腿、半圆形的半熟蛋，最后淋上酱汁。半熟蛋用蒸的方式避免出水，严格控温达到表面蛋白不断晃动，蛋黄还是金黄色的液状。酱汁是加入柠檬的荷兰酱，清爽香浓不腻口。

　　料理上桌，重头戏切蛋秀登场，用刀划开蛋白表面，蛋黄像熔岩一样依序从蛋白、火腿、玛芬一路漫流到盘面。看到这戏剧性的一刻再有自制力的人也难以抵挡，只能臣服在让人意乱情迷的浓郁滋味中。

　　Sarabeth's以充满魔力的美味，带来人们对早餐的美好想象，无论情侣还是上班女性，家庭主妇或学生，吃早餐成为满足一天的好理由。另外值得一提的是，Sarabeth's采用号码牌取号机制，可以先在附近逛街打转，然后在号码牌标示的时间前到达即可。如此就不用花大半天排队等候，对时间有限的游客来说，真的是一大福音呢！

挑战正统割烹的价格极限
俺の割烹 银座本店

高级料理的代名词——

日式割烹加入『俺の』立食行列。

鲍鱼、龙虾等顶级食材以超低口碑价供应，

从未体验过割烹的人也能轻松入门，

踏入和食的细腻世界。

夜色渐沉，银座街头气氛正热，餐厅街一隅传来爵士乐声，婉转有致的萨克斯风仿佛引领着宾客，踏入割烹料理的世界……

大人们的割烹

　　割烹是一种源于关西的和食派别，厨师打着个人名号，在以吧台为中心的狭小空间中提供精致料理，与顾客面对面互动，展现高超的烹调手腕。位于美食金字塔的顶端，日式割烹向来给人价格高昂、外行人难以一窥堂奥的印象。"俺の"餐厅系列打破藩篱，大胆打造俺の割烹银座本店，把日本料理的极致美味带给大众。

　　成功的割烹取决于料理长，为此，俺の割烹特别找来米其林二颗星名店、菊乃井东京赤坂店料理长小野山英治坐镇。从食材到做工坚持比照高级料亭，即便价格探底，料理质量也绝不妥协。

咬紧牙关也要超值

　　接下严峻挑战，小野山料理长首先要面临的就是削减成本。要烹调好日式料理，食材与人事费是绝对不能妥协的，小野山采用大宗进货的方式降低成本。鱼类直接向渔夫指定购买，并低价买进其他厨师弃而不用的尺寸或鱼种，以变化为精美小菜。锱铢必较的结果，让小野山推出叫好叫座的特色菜单——鲍鱼奉书烧。将整只鲍鱼、干贝和海胆以海带包覆，放进炉中烤熟。集结3大名贵食材，鲜上加鲜的极品盛宴只需1500日元不到，价格低得让人感动。

为了让菜单更引人入胜，小野山特别设计几道爽口的铜板菜色，作为冲口碑的牺牲打，一份只要480日元的综合炊煮野菜。使用新鲜蚕豆、甜味地瓜、花椰菜、牛蒡丝等6~8种季节鲜蔬分次烹煮，下层铺上马铃薯慕斯，上层撒着昆布柴鱼高汤做成的果冻，味道清爽高雅，唤醒野菜的原始本味。

日式料理的成熟风范

"菜肴必须让顾客感受到价值感，赋予料理冲击性。"小野山料理长说，"创造让客人想和亲友讨论的料理。"另一道招牌菜色江米牛的赤身烧便反映了此目标，比手臂还长的肋排上放着十几片厚切牛，再堆一层如细雪的辣椒萝卜泥。美丽的赤身呈现迷人的淡粉色泽，没有多余油脂，柔嫩肉质带有些嚼感，和日本酒搭配刚刚好。

不同于其他餐厅，来割烹的客人年龄层都偏高些。俺の割烹替他们准备座席，让无法久站的客人也能够坐下来享用，每天还有爵士音乐现场演奏，悠扬乐声点缀美食，让用餐经验更为洗练优雅，彻底摆脱站着用餐的窘迫感，显得更加物超所值。

俺の割烹 银座本店（我的割烹 银座本店）

价格等级： ☆ ☆ ☆
交通： JR、地下铁各线新桥站徒步1分钟，地下铁各线银座站徒步7分钟
地址： 中央区银座8-8-17
电话： +81-3-6280-6948
时间： 15:00~23:00（L.O.22:30）1楼立席16:00以后入席，周日、假日15:00~22:30（L.O.22:00）
价格： 综合炊煮野菜（野菜の炊き合わせ）480日元、江米牛的赤身烧（えこめ牛赤身焼き）1780日元、鲍鱼奉书烧（鲍奉书焼き）1480日元
网址： www.oreno.co.jp
注意事项： 2楼座席1人300日元、音乐演奏2楼加收1人300日元

叙叙苑 东京晴空塔店

位于东京晴空塔30F，
高级烧肉名店叙叙苑以高人一等的辽阔视野，
除品有极致烧烤之外，
更加有不同凡响的感官享受。

深色原木从隔墙延伸至地面，米白皮沙发搭配木桌。点点璀璨的东京大都会铺陈眼下，拥抱星光与时尚，叙叙苑晴空塔店让烧肉变得奢华尊荣。原来享用烧肉也可以是件优雅的事。

在东京数以千计的烧肉店中，叙叙苑以王者之姿吃吒将近40个年头，主要原因就在于高质量的牛肉，以及毫无油烟味和典雅时尚的用餐空间。打破对烧肉店烟雾迷漫的印象，把烧肉变得高级的叙叙苑，如今登上东京人气指标晴空塔，带来云端上的肉食享乐。

让人疯狂的甜美油花

服务生送上艳红欲滴的新鲜烧肉，均衡油花呈现多一分则太多、少一分则不足的完美霜降比例。叙叙苑挑选牛肉简直比选妃还严格，由专家仔细确认每一头牛，分析油花分布、上桌时的鲜艳度等，只有最理想的部位才能送入餐厅厨房；而其他次级品也不会浪费，将会在厂内加工处理，做成旗下各类美食。

烧肉斜切成网状，如此可让肉质更加柔软且不失弹性，大厨会依照每片肉的状况调整角度，就连正反面的切法也不同。将整块以独家酱汁腌渍入味的烧肉放在炉上，牛油滴落烤盘，发出扣人心弦的滋滋声。牛肉外表酥香，中心依然软嫩多汁，油花释放难以言喻的鲜美风味，包覆整块牛肉，在口中灿然绽放。肥嫩不腻的绝妙口感，鲜中带甜的肉汁，只有高级和牛才能带来如此销魂的享受。

惊喜无限的菜单

经典菜色还不止这些，牛舌选用一块只有300克的舌根部位，肉质嫩而不烂，拥有美妙的反作用力，卷着葱酱一起品尝，香辛料刺激味蕾，加上浑厚的牛舌鲜香，感动到让人说不出话来。

想知道叙叙苑牛肉质量有多好，只要生吃就明白，韩式作风的生拌牛肉，冰镇的牛肉赤身与天然麻油拌匀，上面放一颗生蛋黄，麻油香气渗入肉中，使得牛肉越嚼越香，完全没有生膻味，蛋黄更让口感滑顺丰厚，果真是惊喜无限。

在私密典雅的用餐空间中，品尝炙热的现烤和牛，居高临下感受东京之美，叙叙苑晴空塔店完美营造感官的多重享受，不愧是日本艺人与情侣约会的人气首选。

极 味 之 选

おすすめ!

★ 景色无敌，无油烟味的烧肉店

★ 所有名人都说赞的和牛五花肉

★ 点菜率最高的生菜沙拉

叙叙苑 东京晴空塔店
叙々苑 东京スカイツリータウン・ソラマチ店）

价格等级： ☆ ☆ ☆

交通： 京成押上线、地下铁半藏门线押上站徒步3分钟，东武伊势崎线（东京
スカイツリーライン）东京スカイツリー站徒步3分钟

地址： 墨田区押上1-1-2 晴空塔SORAMACHI 3F

电话： +81-3- 5610-2728

时间： 10:30~21:30

价格： 炙烧酱腌肩胛肉（すだれ肩ロース炙り焼き）3350日元、盐烧牛舌
（タン塩焼き）、生牛肉（ユッケ）2400日元

网址： www.jojoen.co.jp/shop/jojoen/soramachi

蔬食的美味主张

Ain Soph.

强调完全不使用奶蛋肉，

Ain Soph.以独到感性和创造力，

网罗世界各地特殊食材，

让蔬食变得可口又迷人。

表现蔬菜的美好力量，

就连荤食者也会爱上这个五彩缤纷的蔬食新境界。

银座歌舞伎町对面，Ain Soph.雪白色的独栋建筑，毫不张扬地隐藏在大街角落。走进店里，轻盈的乡村自然风首先让人放松心情，手工木作家具、不成套的古老座椅、柔软的亚麻抱枕，以及无所不在的温暖天光，将空间感营造得有机而舒适，仿佛置身欧洲的农舍中。

荤食者也会爱上的蔬食

　　新鲜现摘的野菜沙拉，柔软甜美的甜点蛋糕，Ain Soph.的餐桌永远是这么色彩缤纷、生气蓬勃，给人耳目一新的清爽感受。顾客一边和亲友谈笑，一边大口吃下丰盛菜色，他们绝大多数并非素食者，会选择Ain Soph.无非是想要品尝美味，同时还不用顾忌卡路里、添加物等让人心烦的琐事。

　　日本近年来兴起一阵"自然食"的风潮，讲究蔬食主义、体内环保、使用契约农作的有机蔬菜，摒除化学添加物，透过饮食让身心回归自然本位。Ain Soph.走在自然食的前端，肉、鱼、奶、蛋、白砂糖一律不使用，但这并不会影响到餐点美味。店主与料理长走访农家，使用循环农法耕种的有机蔬菜，稻米为山形产有机鸭米，并引进豆乳起司等海外流行的健康食材，制作出鲜脆生菜沙拉、有奶油香的酪梨汉堡，以及分量十足的炸猪排定食等，连荤食者也会食指大动，吃得心满意足。

埋下一颗自然的种子

"Ain Soph."在希伯来文中代表永恒与无限。全素蔬食主张，目的是让人回归自我，善待身体与大自然。

"每个人一生总会有几次想要尝试有机饮食，改善身体状况。"店主白井由纪说道，"希望大家能从Ain Soph.开始，喜欢上健康蔬食，品尝更为贴近自然，让身心安定的食物。"

15岁时到加拿大旅行，白井由纪在寄宿家庭中第一次接触蔬食概念。"自耕自食的生活形态令我向往，特别是当一家人团聚在一起吃饭聊天，让平凡食物变得美味极了。"白井说。

秉持当初的感动，白井将Ain Soph.定位为荤食者也会喜爱的有机蔬食，希望借由真诚滋味，在顾客心中埋下一颗向往自然的种子，就像她在加拿大的寄宿家庭一样。

店里因为以女性顾客为主，因此菜单特别针对女性偏好，流行的松饼、汉堡纷纷入菜，摆盘也设计得可爱缤纷，打动女性的心。

Ain Soph.（アインソフ ギンザ）

价格等级： ☆☆
交通： 地下铁日比谷线东银座站徒步2分钟，地下铁各线银座站徒步7分钟
地址： 中央区银座4-12-1
电话： +81-3-6228-4241
时间： 11:00~23:30（L.O.22:00）周日、假日11:30~22:00（L.O.21:00）
休日： 每月第1周和第3周的周二
价格： 天上的蔬食松饼（天上のヴィーガン　パンケーキ）1400日元、Iza KABUGIZA Course 4300日元
网址： www.ainsoph.co.jp

好好吃 吃好菜

由于歌舞伎町就在对街，Ain Soph.为贵妇们设计了豪华的蔬食套餐，菜色从歌舞伎座代表的红绿黑3色发想，包括高原野菜圣代、红西红柿汤、素肉和风炸鸡、蔬菜卷与豆乳西班牙烘蛋拼盘等，其中蔬菜卷连皮都是完全手工自制，满满的蔬菜以豆奶美乃滋统合，十分有饱足感。西红柿汤是加拿大妈妈的家乡食谱，使用西红柿、节瓜、洋葱等熬煮，如同日本人的味噌汤一样营养暖心。

甜点方面以豆奶取代牛奶、鲜奶油、冰激凌其实都是以豆类制成。松饼使用高级日本面粉和甜菜糖，搭配手工果酱、新鲜水果和坚果类。很多人会讶异煎饼质地怎么会如此轻盈松软，这是因为主厨在面糊中巧妙加入豆类发酵而成的轻起司，轻飘飘的口感好像来自天上，让人兴奋地想飞起来。

当蔬食变得如此美味，你会发现少吃肉、多吃菜似乎变得很容易达成，也有能力更加温柔地对待身体和自然。此外，西式蔬食仍会加入酒精、大蒜等五荤香辛料，全素顾客最好还是先向店家确认。

江户寿司传奇经典

久兵卫 银座总店

極 味 之 选

おすすめ！

★ 美食家背书，名店中的名店

★ 体验正统江户寿司顶级经验

★ 呵护备至的待客之道

提起江户的美味寿司，
不能不提银座老店久兵卫，
受到以美食家闻名的前首相吉田茂元、
艺术家兼美食家北大路鲁山人等一致推崇，
久兵卫的握寿司成为许多人朝思暮想、
一生必吃的代表餐点。

久兵卫 银座总店

价格等级： ☆ ☆ ☆ ☆

交通： JR、地下铁各线新桥站徒步5分钟，地下铁各线银座站徒步8分钟

地址： 中央区银座8-7-6

电话： +81-3-3571-6523

时间： 11:30~14:00、17:00~22:00

休日： 周日

价格： 午餐握寿司 志野6000日元、晚餐握寿司 主厨精选（おまかせ）10000日元、晚餐寿司怀石 信乐15000日元

网址： www.kyubey.jp

江户寿司的传奇名店，久兵卫在银座街头一晃就是75个年头。多年来深受美食家与文豪的喜爱，米其林的星星或者媒体报导对这家老店来说都是锦上添花，因为无论器皿、待客之道，又甚至由久兵卫发明的军舰海胆寿司，辉煌的历史让久兵卫已经成为传奇的代名词，所有后辈寿司店的圭臬。

江户寿司的真髓

鲁山人曾经在美食评论代表作《料理天国》中，谈到久兵卫的招牌相当不显眼，尽管店面不容易找，而寿司的价格也真的不便宜，但旅客仍是络绎不绝。顾客都知道这儿有全东京最顶级的寿司，也知道尝到最美味的寿司，是无法以金钱来衡量的。

推开久兵卫大门，首先看到的是穿和服的女将亲切招呼，师傅在吧台后头捏出一个个精美的握寿司，同时谈笑风生，满足每位专程到访的客人需求。

久兵卫的套餐全是以日本知名的陶瓷乡命名，2楼还有鲁山人的陶艺展示区。而它的握寿司看起来似乎比一般寿司店的小，这是为了将醋饭和海鲜作完美搭配的缘故。弹性十足的醋饭和大小合适的海鲜一起咀嚼于口中时，米饭香和海鲜的鲜味交融在一起的口感，以及吃完后残留的香味，才是品尝握寿司最完美的体验。

舌尖上发现新大陆

Bépocah

在遥远的南美安地斯山脉上，
秘鲁菜以独到的风味远渡重洋，在美国纽约大放异彩。
如今秘鲁美食登陆东京，成为美食界的新宠儿。
跟上世界的脚步，推开Bépocah厚重的大门，
在此你将会感受到秘鲁菜的魔幻魅力。

極　味　之　选

おすすめ!

★ 体验世界美食的新潮流，高级秘鲁料理

★ 从秘鲁聘请厨师，带来南美风情

★ 开店时间晚，体验原宿夜生活

什么是秘鲁菜？仿佛铺着一层神秘面纱，这个许多人从未品尝，也未曾想象过的菜系，正是现在美食界的热门话题。奠基于千年印加帝国，而后受西班牙殖民影响，秘鲁因为复杂的政治历史因素，来自日本、德国、意大利、美国甚至中国等地的移民，都在这片土地找到一席之地。

多元种族反应在饮食文化中，让秘鲁菜既有丰富的玉米、马铃薯等原生食材，又看得到酱油、生鱼以及西班牙料理的影子。仿佛海纳百川，各方菜系在秘鲁高原上融合、汇集成自成一家的料理风格。超越想象的跨界混搭，让秘鲁菜得到美食家一致好评，英国《经济学人》杂志更将秘鲁菜评为"世界12种最美味的料理"之一，推崇备至。

Bépocah（べポカ）

价格等级：☆ ☆ ☆
交通：JR原宿站徒步12分钟、地下铁各线明治神宫前站徒步15分钟
地址：涩谷区神宫前2-17-6
电话：+81-3- 6804-1377（17:00之后）
时间：17:00至凌晨02:00（L.O. 01:00）、周五、周六17:00至凌晨5:00（L.O. 03:00）
休日：周一、周日（每月一次）
价格：腌鲜鱼冷盘（Cebiche tradicional de pescado）1800日元、4种马铃薯泥（Degustacion de causas）2000日元、炒牛排（Lomo saltado）2400日元、恰恰鸡尾酒（Chicha punh）1000日元
网址：www.bepocah.com
注意事项：Table Charge 500日元

原宿街角小秘鲁

明黄色外墙在阳光照耀下，散发南美洲的明媚色彩。玄关口采用挑高设计，秘鲁运来的彩绘老地砖拼凑优雅的几何图形、墙上画着秘鲁地图，装饰黝黑的紫玉米，在典雅的殖民风格中酝酿安第斯山的旋律。

去年开业的秘鲁餐厅Bépocah，两位老板一个爱上秘鲁美食，一个则是土生土长的日裔秘鲁人，他们请来拥有10年经验的秘鲁籍主厨，将风靡欧美的高级秘鲁料理带到东京。

感受味觉新世界

"秘鲁料理根植于南美，受到西班牙以及各地殖民影响。"身为老板之一的Bruno说道，"我们特别选出秘鲁各地区的特色菜肴，以及丰富海鲜料理，介绍给日本顾客。"秘鲁海岸线狭长，新鲜鱼获酝酿出代表菜料理"腌鲜鱼（Ceviche）"，这是秘鲁渔夫保存渔获的方法，生白肉鱼加入莱姆、利马辣椒、红洋葱以及各种调味料腌渍，鱼肉遇酸转化为熟成的口感，肉质新鲜扎实酸中带辣，说不出的新鲜开胃。

主餐是秘鲁名菜"Lomo saltado"，说穿了就是炒牛里脊。上桌后一股熟悉的香气传来，这不就是妈妈常做的炒牛肉吗？牛里脊加酱油、酒醋和辣椒，拌炒得香浓入味，可以配好几碗白饭。而这道菜正是秘鲁料理集

跨界之大成的最佳例子——"炒"的动作来自中国，酱油则是由日本与中国移民带来，酒醋是欧洲的产物，而辣椒和马铃薯又是美洲当地的味道，跨越三大洲与数个时代，在这片土地生活的族群们，共同造就了这道人人称赞的公认美味。

跨界混搭新定义

玉米、马铃薯等南美洲的原生食材，在秘鲁拥有更多变化，可以变成糖浆、主食、甚至像和果子一样精美。

Bépocah的招牌料理"Causas"，传统做法是将马铃薯泥与各种辣椒和肉类混合，捏成精致小巧的马铃薯丸，主厨将马铃薯制作成黄、绿、蓝、粉4种不同的颜色和口味。

黄色加入黄椒，搭配鸡肉泥和酪梨，口感滑嫩，绿色加入菠菜，佐酸香爽口的油渍蔬菜，紫色为紫马铃薯配醋腌洋葱，粉色则为马铃薯加红椒，盛放蟹肉和青蔬。这道菜的滋味意外清淡，有点像在吃咸版的和果子。各种味觉变化让人惊喜连连，充满转彩蛋的乐趣！

饮料方面则有国饮——含酒精的烈酒Pisco，以及以黑色玉米糖浆调制的无酒精饮料Chicha，听到把玉米拿来调饮料难免有些心惊，其实糖浆只留色泽，却完全没有玉米的味道，清凉甜美，是老少皆宜的一品。

品尝创意秘鲁料理，感受中南美洲的魔幻滋味，美食世界有太多新鲜事，有待味觉的探险家发现新大陆。

飘散两个世纪的鳗鱼浓香

野田岩

无以伦比的鲜嫩，
引人垂涎的香浓酱汁，
鳗鱼饭自古以来就是饕客心中最难以抵抗的美味，
传承五代的野田岩，
镇守着江户鳗鱼饭的传统，
将这魅惑人心的香气代代传承。

极味之选

おすすめ!

★ 200年代代相传的滋味

★ 肥美鲜嫩的天然鳗鱼和祖传配方

★ 日式风格建筑，充满历史气氛

野田岩

价格等级： ☆ ☆ ☆
交通： 都营大江户线赤羽桥站徒步5分钟，地下铁日比谷线神谷町站徒步8分钟
地址： 港区东麻布1-5-4
电话： +81-3-3583-7852
时间： 11:00~13:30、17:00~20:00
休日： 周日
价格： 鳗重2900日元、套餐彩4650日元、鳗丼5900日元、蒲烧套餐10800日元
网址： www.nodaiwa.co.jp

东京从江户时代开始，300多年来均为日本的首善之区，天子脚下不乏顶级料理师傅与百年老店。鳗鱼老店野田岩正是如此，过去是德川幕府与贵族的爱店，尽管拥有大排长龙的顾客与名人背书，师傅仍然秉持对料理的热忱，兢兢业业地创造出百年如一的绝妙滋味。

200年的鳗鱼真味

创业至今已有200年历史的野田岩，现在是由第5代的金本兼次郎所经营。店内所使用的鳗鱼，为4月至12月期间，从霞之浦、利根川、九州岛等地捕捉的天然鳗鱼，至于冬季则使用质佳的日本产养殖鳗鱼。在天然鳗鱼极难取得的日本，野田岩仍旧坚持自身的原点，采用在溪水中优游的天然鳗鱼"狐鳗"，成为许多老饕心中的梦幻逸品。

野田岩的鳗鱼使用传承百余年的祖传技法，先烤再蒸，蘸上酱汁后再烤，每一个步骤都马虎不得，而烤出来的鳗鱼香甜松软，光闻味道就叫人垂涎。

除了守住传统的好味道，金本师傅也会依时代做改变。他率先引进鳗鱼饭和红酒搭配的饮食风格，认为鳗鱼和红酒会创造出一种奇异的美味，所以店内备有将近20种红酒。

待人亲切的金本师傅，常会在工作之余走出厨房和顾客寒暄，丝毫没有名店店主人的气势。或许这也是本店历久不衰的原因吧！

名车与美食的快意生活

INTERSECT
BY LEXUS TOKYO

LEXUS 第一家品牌概念店，

结合名车、咖啡、文艺展场、设计商店和美食 Lounge，

体验品牌、创造人与人相遇

对话交流的舒适空间。

極味之选

おすすめ!

★ 设计大师片山正通打造的时尚空间

★ 精致美味，青山夜酌的绝佳选择

★ 汽车迷千万不可错过LEXUS的品牌世界

INTERSECT BY LEXUS TOKYO 去年夏天开业，旋即成为精品名牌林立的南青山备受瞩目的新风景。以透明玻璃和纺锤状木格组成的特殊外观就像一个精致的礼物盒，沉稳的可可色大门，让路过行人纷纷好奇地停下脚步。

当咖啡遇上名车

由知名室内设计师片山正通打造，空间中洋溢LEXUS独一无二的风格。走入大门，迎面而来的咖啡香放松身心，1楼咖啡馆使用来自挪威著名咖啡馆 FUGLEN 的咖啡豆。自透明玻璃透入的美好日光，组成一幅几何图画，如六角形蜂巢组成的黑白地板将空间自然划分为两个区域，就像来到一座简约洗练的艺术场域。

咖啡店再往内走是车库展览厅，定期会更换不同的展览主题，并且举办各种活动和 Workshop，例如与知名家具品牌 Cassina ixc 合作的电影短片放映会，改变人们对名牌拥有的概念，让名牌走入每日生活，心灵更为丰富。

INTERSECT BY LEXUS TOKYO

价格等级： ☆ ☆
交通： 地下铁银座线、千代田线、半藏门线表参道站徒步3分钟
地址： 港区南青山4-21-26
电话： +81-3-6447-1540
时间： CAFE & GARAGE0 9:00~23:00、LOUNGE & SHOP 11:00~23:00
价格： 午餐定食1300日元、点心700日元
网址： www.lexus-int.com/jp/intersect/tokyo

低调时尚 Lounge Bar

　　进入2楼 Bistro 的餐饮空间，中央一张椭圆形长桌、流线型沙发和弧形灯架立灯，既像是间典雅书房，又像是低调时尚的 Lounge Bar。入口长桌和墙面书架上摆满了各式艺术、设计和旅游书籍。设计感强烈的化学分子模型吊灯和大地色调营造了低调奢华，165平方米的偌大空间和特制家具，让桌与桌之间能保有私人用餐空间，同时营造回到家般的疗愈氛围。

　　Bistro 的食物菜单请来知名的 Food Director 田岛大地特别设计规划，多达30种特色料理，融会了法式、意式、美式等世界各地料理与日本东京的饮食特色，午间套餐在一个大方形餐板上放上一盘盘的季节沙拉、小菜和主菜，逃脱制式的西式料理规则，融入日本饮食文化。

　　晚餐主食从改良式的炸竹笈鱼卷、铁锅和牛寿喜烧，到可以自选面包、热狗种类、酱料和配菜的客制化美式热狗堡，在一餐里

品尝到不同国家的料理，也重现文化荟萃的东京样貌。

奢华藏在细节里

铁锅和牛寿喜烧，锅盖一打开，因高温滋滋作响的鲜嫩牛肉和甜咸日式浓稠酱汁飘出令人食欲大增的香气，搭配用马铃薯、洋葱酱、蛋和黄芥末制成的蘸酱，酸咸甜香在舌尖打转，层次丰富饱满，完全超越了先前对寿喜烧的既定印象，说是创意料理一点都不为过。夏日再配上一杯沁凉清爽的香茅山艾苏打或粉红莓果苏打，无比完美。

魔鬼藏在细节里，INTERSECT BY LEXUS TOKYO 连背景音乐都是特别订制，请来知名 DJ、音乐家 TOWA TEI 亲自挑选，延续成熟奢华的大人风格混合青山独有的氛围，用音乐打造一个让心放松的环境。未来在纽约、迪拜也将陆续成立 INTERSECT BY LEXUS，各位车迷请好好期待吧。

贵妇级优雅铁板烧

冈半本店

交织成美味迷人的铁板交响曲。

清脆节奏和现烤和牛香气，

在老铺冈半体验隐藏版极品午餐，

变换出让人垂涎的菜色。

热腾腾的铁板烧炙着牛肉，大厨舞刀弄铲，

冈半本店

价格等级：午餐 ☆☆ 晚餐 ☆☆☆☆
交通：JR、地下铁各线新桥站徒步6分钟，地下铁各线银座站徒步6分钟
地址：中央区银座7-6-16
电话：+81-3-3571-1417
时间：11:30~14:00（L.O.13:30）、17:30~22:00（L.O.21:30）
休日：周日
价格：铁板烧套餐 悦12960日元、午间和牛沙朗牛排套餐（和牛サーロイン小角ステーキ）1750日元、和牛肋眼薄烧（和牛リブロース薄烧）1550日元、和牛边肉生姜烧（和牛切り落し生姜烧）1350日元
网址：www.kanetanaka.co.jp/restrant/okahan

大隐隐于市的银座老店

隐藏在银座并木通的大楼内，铁板烧老店冈半来历可不简单。冈半的总店为东京料理界第一把交椅、赫赫有名的老铺料亭金田中，主厨冈富铁雄50年前自立门户创立铁板烧专门店。当时日本文豪也是老主顾的吉川英治，送给主厨"冈半"这个名称，以"冈富之业，尚在半途"作为勉励。

时光匆匆，冈半如今已传承3代，8楼为铁板烧，7楼提供寿喜烧与涮涮锅。店内使用最高等级的神户牛，雅致空间与日西混合的菜色安排，多年来深受名流与老板们好评。

晚上到冈半用餐，多少要有散尽家财的心理准备，不过中午到冈半享用午餐，同样的服务和水平，却能够用吃一顿下午茶的价格，品尝到顶级和牛铁板烧，还有什么比这更吸引人呢？

和牛午餐最超值

午餐选项众多，价格约在1500日元上下，建议从薄片等级开始点起，和牛肋眼薄烧选用上等部位，放在高温铁板上，不过3秒马上卷起炒成焦糖色的洋葱，搭配奶油酱油享用。薄如蝉翼的牛肉简直入口即化，好吃到连舌头都要融化了。搭配套餐的还有炖煮野菜肉丸，浓郁汤汁浇在饭上，堪称人间美味。用餐完毕，服务生还会引领顾客到隔壁厢房，享受一杯咖啡，便宜的午间套餐还能有完整的享受，更觉物超所值，值得推荐！

味蕾的浪漫铁道旅

A ta gueule

极 味 之 选

おすすめ!

★ 古董列车的车厢变身优雅餐厅
★ 原汁原味的东方快车飨宴

A ta gueule

想象自己正在前往远东的特快车上，

精雕细琢的车厢带你飞驰，

穿越陌生国度……。

搭上日本唯一东方快车主厨的飨宴，

味觉的环球旅行即将启程

A ta gueule

价格等级： 午餐☆☆ 晚餐☆☆☆

交通：地下铁东西线木场站徒步3分钟

地址：江东区木场3-19-8

电话：+81-3-5809-9799

时间：11:30~13:30、17:30~21:30

休日：周二

价格：午餐1700日元、晚餐5500日元

网址：www.atagueule.com

味 蕾的浪漫铁道之旅从木场车站启程，晶蓝色的列车被翠绿公园包围，这里便是法式料理餐厅A ta gueule。

东方快车梦物语

曾在比利时日本大使馆担任主厨的曾村让司，在一次因缘际会下进入欧洲的长程列车东方快车（Orient Express）上任职，成为日本第一，至今也是唯一登上东方快车的餐车主厨。也因为这项特殊的经历，他一直梦想着要开设一家能够在火车空间中优雅赏味法式料理的店。于是JR特别提供国铁24系的寝台列车"梦空间"，让他在2012年春天梦想成真。为了配合列车，A ta gueule的店门口特别加高，以月台为意象，让客人在进入店内前就先感受到旅行气氛。

A ta gueule虽为法式餐厅，但由于主厨的特殊经验，在料理的表现手法与食材使用上并不拘泥，反而是多了些开放感与国际观。以法式料理为基调，加上东方快车沿途经过的国家特色料理，曾村让司借由列车移动的意象，创造别人无法模仿的独特料理风格，并传达美味无国界的想法。

来到这里用餐一般并不是在列车内，而是在一旁由玻璃帷幕包围的空间中。进入挑高明亮的用餐空间，傍着开放式厨房，亲眼见识主厨的烹饪功力，在料理上桌前便先闻到食物香味，更让人期待。

烧肉迷的狂欢节

烧肉问屋 牛藏

极 味 之 选

おすすめ!

★ 超越想象的超值和牛烧肉

★ 牛肉品质与种类均无与伦比

★ 美味的现炸牛肉可乐饼

传说中东京CP性最高的烧肉屋牛藏，压倒性的美味，毋庸置疑的超值，在口中化为无数次赞叹。

烧肉问屋 牛藏

价格等级：☆☆☆

交通：西武池袋线富士见台站北口徒步1分钟

地址：练马区贯井3-10-2 コイケビル 2F

电话：+81-3-3970-2257

时间：17:00~24:00（L.O.23:30）周六、周日16:15~24:00
（L.O.23:30）

价格：黑毛和牛7种拼盘（黑毛和牛特选7种类盛り合わ
せ）2~3人份3000日元、新鲜内脏5种拼盘（新鲜ホルモ
ン系5种类盛り合わせ）2人份800日元

这是一个神奇的地方，远离热闹的东京商圈，富士见台是连许多东京人都未曾涉足的宁静住宅区。客人们专程前往的目的只有一个，那就是用前所未有的便宜价格，毫无顾忌地大吃顶级A5和牛！

传奇滋味值得等待

位于商店街转角，本业为肉铺的牛藏1层卖牛肉可乐饼，2层开设烧肉店，提供物美价廉的近江牛。牛藏的老板简直是不想赚钱，竟然将顶级和牛以不到千元的破盘价供应，硬是比其他烧肉店还要便宜1/3，让人跌破眼镜，不远千里也要躬逢其盛。

由于太受欢迎，要抢到牛藏的位置并不容易，幸好牛藏有个特殊的等候机制——每天中午12点开放现场登记候位，届时服务生会依顺序告知大致到场时间，例如晚上6点钟登记，入场时间9:30，虽然漫长，至少可以回新宿逛两圈，免于苦苦等候。

晚间10点，牛藏狭小的空间高朋满座，屋里烟雾弥漫，夹杂着油脂被炭火逼出的浓郁香气，客人们酒酣耳热、满脸通红，炙烧的牛肉将气氛推升到最高点。

牛五花、沙朗、里脊等部位加起来数十种，初次来店先尝试黑毛和牛7种拼盘。粉红色瑰丽色泽的肉片厚实有分量，在烤网上烧出让人口水直流的浓香。每种肉类各有3块，每口都是味觉的美丽新境界，油脂在口中化成丰腴气息，肉汁从齿间汩汩流出，让人彻底抛开卡路里，在无比美味的肉类嘉年华尽情狂欢。

江户荞麦本格坚持

荞亭 大黑屋

被称作里浅草的观音寺以北区域，一家由老夫妇携手经营的荞麦面店，拥有美食家口中不可思议的美味。气定神闲地独立于闹市区，独特的下町人情一如手打荞麦面，得细细品味。

摆脱浅草的热闹喧嚣，少了游客的里浅草，拥有悠缓的传统下町风情。宁静商店街上，居民骑着脚踏车悠悠经过，垂柳迎道，有的是挥之不去的浪漫情怀。

别以为这里就像是其他没落的老商圈，紧邻江户时代第一花街——吉原，里浅草实则卧虎藏龙，高级料亭、百年老铺藏身静巷，低调而尊荣地迎接那些不欲张扬的贵客们，而被美食家推崇备至的荞麦面名店荞亭大黑屋，也在此列。

荞麦一途40年

"打扰了！"拉开大黑屋木门，整洁而狭小的日式店铺让人联想起怀旧电影的场景。店主菅野成雄与妻子两人40年来只卖一味，即百分之百亲自手打的江户荞麦面。

"荞麦面过去是江户职人的快餐，为了让职人们尽早吃完上工，江户荞麦面的面体较细，强调入喉的口感。"菅野成雄说道。所谓"入喉感（のど越し）"是江户荞麦面的灵魂，好的荞麦面在入喉的瞬间，会一举迸发出细腻的荞麦清香、酱油的润泽感、面体弹性与荞麦香三位一体，交织成余韵无穷的深厚底蕴。

竭己成心的制面功夫

荞麦面职人终其一生，就是在追求这极致入喉感，菅野成雄也不例外。不像一些荞麦面与面粉调和，大黑天的荞麦面为百分之百的"十割荞麦"，毫无保留的荞麦香气更为突出，狂放而有个性。菅野成雄坚持所有面条从荞麦籽开始，去壳、磨粉到制面，全部亲力亲为。

每个过程都是一门学问，荞麦从日本各地严选优质农家，依照当年采收的状况、大小，决定去壳方式，然后像咖啡烘焙一样，调整各地荞麦的完美比例。磨粉是荞麦面的关键步骤，荞麦面的香气可以说是靠磨粉技巧来掌控的，为此菅野成雄不假手他人，硬是在狭小房内放置11台石磨。这些石磨是他自己设计制作，专门研磨荞麦粉，其中8台为电动马达，另外3台为手动。问他电动与手动真有不同吗？"当然不一样，可以的话希望全部手磨，只是因为体力不允许，才用电动呢。"菅野成雄微笑道。

一气入喉 感受荞麦极致

餐厅就只有夫妇两人，而且因坚持客人点餐后现点现做的缘故，需花点时间耐心等待。下锅不多不少39秒，接着，两堆荞麦面干净清爽地盛在筛盘中，和特调酱汁一同翩然驾到。"酱汁轻蘸即可，一口气地吸入喉咙"。临桌远从仙台拜访老板的荞麦师傅这么教。酱汁只倒3厘米，色泽晶亮的荞麦面凤凰点头，轻蘸酱汁以后，用力发出"簌"的一声，豪气十足地吸入喉咙。具有立体感的面香之中，吃得到扎实口感，仿佛咬着荞麦颗粒，非常劲道。

"其实大可不用从磨粉开始这么费工，但既然决定做荞麦面了，就想做到最好"。菅野成雄说。简单见真章，日本职人的坚持在荞麦面上无限放大，充满力道的入喉感，无比简单，却带来味蕾与心灵的撞击。

荞亭 大黑屋

价格等级： ☆☆
交通： 地下铁各线浅草站徒步15分钟
地址： 台东区浅草4-39-2
电话： +81-3-3874-2986
时间： 12:00~14:00、12:00~22:00（L.O.21:00）
休日： 周一、周日
价格： 荞麦面（おせいろ）1250日元、天妇罗荞麦面（せいろ天もり）2250日元、（鸭すきうどんなべ）3700日元
网址： www.atagueule.com

法式点心中的雍容贵妇

HIDEMI SUGINO

甜点大师杉野英实唯一专卖店，丝滑慕斯如珠光宝气的雍容贵妇，万种风情叫人难以自拔。

办公大楼林立的京桥，HIDEMI SUGINO毫不张扬地坐落于街角。素雅的店门口并无招牌揽客——事实上也完全不需要，凭借世界级甜点主厨杉野英实个人招牌，便已经吸引了纷至沓来的贵妇主顾。

殿堂级的原味本色

　　甜点柜里约15种精美的法式甜点，杉野主厨坚持每种都是百分之百原创，因此看不到水果蛋糕、泡芙等老掉牙的口味。他最擅长的慕斯糅合清新水果与坚果，不会过酸或过甜，口感细腻，雍容大度，是相当具有深度的风味。蛋糕外观晶莹剔透，镜面表层与细腻柔滑的质地，若非做工精湛、手腕极为灵巧的蛋糕职人，是绝做不出的。

　　极品慕斯讲究趁鲜享用，因此，蛋糕离店后只能在常温下保存1小时。店内设有咖啡座，并供应内用专门的特制甜点。招牌甜点像是焦糖巧克力慕斯，微苦的焦糖中和巧克力的甜腻，苦甜之间回甘隽永。木莓与黑莓慕斯，吹弹可破的表面点缀新鲜水果，浅尝入口，果香清甜，美妙酸味在口中化开，最后以隐藏在蛋糕体中的桃子慕斯收尾，仿佛一场轻柔的美梦，甜蜜得让人舍不得醒来。

HIDEMI SUGINO

价格等级：☆
交通：地下铁银座线京桥站徒步2分钟，有乐町线银座一丁目站徒步3分钟，都营浅草线宝町线徒步2分钟
地址：中央区京桥3-6-17
电话：+81-3-3538-6780
时间：11:00~19:00，周日至18:00
休日：周一，不定休，请先参考网站信息
价格：慕斯蛋糕600日元
网址：www.facebook.com/kyobashihidemisugino?rf=137534596291340

情绪咖啡馆

TOKYO CAFE

握着微烫的咖啡杯，

让心灵放慢脚步，

四周气氛酝酿芳醇的情绪，

让人不自觉地把心放下，

沉浸在一杯香气四溢的迷人片刻。

一杯有灵魂的咖啡
THE ROASTERY

大树上的咖啡馆
Les Grands Arbres

Les Grands Arbres（レ・グラン・ザルブル）

交通：JR、地下铁各线东京站中央口徒步1分钟 地址：东京都港区南麻布5-15-11 Fleur Universelle 3F~屋顶 电话：+81-3-5791-1212 时间：11:00~22:00，周日11:00~20:00 价格：每日健康蔬菜拼盘（おまかせヘルシーデリプレート）1200日元 网址：fleur-universelle.com

THE ROASTERY

交通：地下铁各线明治神宫前徒步4分钟，JR山手线原宿站徒步10分钟 地址：涩谷区神宫前5-17-13 电话：+81-3-6450-5755 时间：08:00~20:00 价格：EXPRESSO380日元、AMERICANO 430日元、CAFÉ LATTE 480日元 网址：www.tyharborbrewing.co.jp/jp/roastery

初次来到 Fleur Universelle & Les Grands Arbres 一定会被坐落在大红楠树枝间的童话木屋所吸引，树干旁的狭窄阶梯让人重拾赤子之心，跃跃欲试想爬上树探险。

1~2楼的 Fleur Universelle 是花店兼展示空间，3楼的 Les Grands Arbres 餐厅与楼下花店相辅相成，请料理研究家关口绚子专门设计营养均衡的菜单。以现代人容易欠缺的大量蔬食为主，使用坚果、豆类和高质量的油，严选产地直送的蔬菜，每日一早新鲜送达。

3楼往上，屋顶有一座仿佛复制欧洲街道咖啡厅的漂亮秘密花园，在绿树围绕下，晒美好天光，与三五好友喝下午茶都是享受。大隐隐于市，应是为此处下的美丽批注。

仿佛剧场一般的空间，咖啡职人在圆形吧台中忙于咖啡机与杯盘之间，磨豆、加热，一气呵成，随着蒸气咻地冒出，一股浓香弥漫，恰到好处的油脂香气带着轻巧果酸，识货的人都心知肚明，这是好咖啡的味道。

面对原宿购物大街Cat Street敞开大门，纽约风格的THE ROASTERY平易近人的气氛，让人很容易踏入这个飘散咖啡香的空间里。店里提供单一品种的庄园咖啡，一次2种，煮法有意式浓缩、美式和拿铁3种，以客制化烹煮咖啡。店内与烘焙专门店NOZY合作，每1~2周更换咖啡豆，后方是NOZY的专柜，贩卖来自世界各地的精选咖啡豆。

庄园咖啡在THE ROASTERY已不再是专家的玩意儿，靠在吧前欣赏匠人手艺，啜饮独一无二的庄园咖啡，再搭配店内特制的美式甜甜圈，任谁都能忙里偷闲，沉浸在最顶级的咖啡时光中。

日本茶味觉新境界
茶茶の间

交通：地下铁银座线千代田线、半藏门线表参道站徒步8分钟。明治神宫前站徒步8分钟 地址：涩谷区神宫前5-13-14 电话：+81-3- 5468-8846 时间：11:00~19:00 价格：茶茶圣代（茶茶パフェ，含今日绿茶）1500日元、品饮套餐（饮み比べセット）800日元 网址：www.chachanoma.com

日式茶点心的店家相当多，然而像茶茶の间这种把焦点放在"品茶"的店家却很少见，多亏了茶茶の间的店主兼侍茶师和多田喜，让一般民众有机会认识日本茶美妙的世界。

我们一般喝的市售日本茶，大多以混合品种烘焙而成。和多田喜深入日本各地产区，精选并生产单一庄园、单一品种茶叶。店内的绿茶十分浓郁，和一般喝的口味有着天壤之别，茶叶质量高下立见，即便是同一产区品种，不同年份的茶叶风味也大相径庭，吟味各种精妙细节，正是品茶的乐趣。

店内绿茶超过30种，还有自制茶点心。初学者可以先从品饮套餐开始（饮み比べセット），由和多田喜精选每日3种茶叶亲自冲泡。第一泡先冲得浓些，感受满盈口腔的茶香，接着再细细品味第二泡、第三泡及以后的味觉余韵。未经发酵程序的日本绿茶保留着馥郁的青草香气，碧绿茶汤中蕴含节气与土地的芬芳，带来有别于其他茶种的享受。

馥郁的茶香，蕴含节气与土地的芬芳。

中目黑的京都风情
青家

青家

> **交通：** 东急东横线中目黑站、代官山站徒步5分钟 **地址：** 目黑区青叶台1-15-10 **电话：** +81-3-3464-1615 **时间：** 11:30~18:00（L.O.17:00），晚餐为会员制18:00至凌晨。1:30（L.O.23:00）**休日：** 周一 **价格：** 青家辛锅套餐 950日元、抹茶豆乳拿铁（抹茶ソイラテ）630日元、青家抹茶拿铁（青家抹茶パフェ）1200日元 **网址：** www.aoya-nakameguro.com

沉浸在老杂志的怀抱中
Anjin

优 雅地藏在中目黑巷内，青家木造格局的建筑，是改建自有35年历史的住家。拉开一如传统住家的大门，里头空间呈现当代和风，漫进室内的阳光照亮角落，微暗中带着暖意。

青家在白天是咖啡馆，提供商业定食和茶点，夜晚则成为会员制的餐酒馆。店内料理都有着浓厚的京都风味，店主特别使用京都产野菜，制作丰盛却健康的野菜大餐。甜点使用宇治抹茶，做成威风蛋糕、起司蛋糕等点心，碧绿色泽散发宜人清香，京风抹茶圣代在抹茶冰激凌中加入丹波黑豆及豆乳，雅致的摆盘衬托丰富味觉，让许多顾客津津乐道。

Anjin

> **交通：** 东急东横线代官山站徒步5分钟 **地址：** 东京都涩谷区猿乐町17-5 茑屋书店2F **电话：** +81-3-3770-1900 **时间：** 09:00至凌晨02:00（L.O.凌晨01:00）**价格：** 日光·天然冰抹茶口味1200日元、Anjin特制牛肉烩饭（Anjin特制ハヤシライス）1200日元 **网址：** tsite.jp/daikanyama/store-service/anjin.html

代 官山茑屋书店是东京的文学新地标，书店的2楼Anjin白日为咖啡店，晚上则成为优雅餐馆，提供酒精类饮料和精致餐点。

舒适复古的沙发四周，是用色大胆的现代浮世绘画作，以及上千本海内外旧版杂志。这是茑屋书店花费3年光阴点滴收集而来，从60、70年代一直到90年代的Vogue、20年前的经典日杂《暮らしの手帐》《妇人画报》等，可以说当代时尚史和杂志史都呈现于此了。

你可以优雅地坐在皮革沙发上喝着饮品，惬意地翻阅杂志，也可以在吧台区就着天光消磨时间，尽是品味与惬意。

走入推理小说的场景
乱步°

乱步°（コーヒー乱步°）

> **交通**：地下铁千代田线千驮谷站徒步5分钟　**地址**：台东区谷中2-9-14　**电话**：+81-3-3828-9494　**时间**：10:00~20:00　**休日**：周一（遇假日顺延）　**价格**：咖啡4201日元

圆滚滚的馒头和猫咪
mugimaru2

mugimaru2

> **交通**：都营大江户线牛込神乐坂站徒步5分钟，地下铁东西线神乐坂站徒步5分钟　**地址**：新宿区神乐坂5-20　**电话**：+81-3-5228-6393　**时间**：12:00~21:00　**休日**：周三　**价格**：日式馒头（マンヂウ）有艾草、黑蜜、红茶等10多种口味，每个140日元，咖啡520日元　**网址**：www.mugimaru2.com

这家咖啡店和窗明几净沾不上边，小说、猫咪照片、民艺品乱中有序地堆放角落，耳背的主人，有点陈旧的空间，怎么看都和现实脱节，俨然是推理小说的场景。

将咖啡店取名"乱步"，不难想象老板正是死忠的小说迷。因为喜爱日本推理小说家江户川乱步的迷离气氛、爱书也爱猫。选在三崎坂开了这家咖啡店，略上年纪的原木桌椅、各种奇妙的舶来摆饰、满满的旧书搭配气氛沉稳的爵士乐，时光仿佛倒退30年。古老又带点神秘的店内氛围佐上咖啡香气，令人着迷。

手冲咖啡是清爽的口味，搭配自制蛋糕，顺手拿起陈放在架上的推理小说，即可花一个下午跌入悬疑的世界中。

位于情绪老街神乐坂的小巷子内，mugimaru2外观老旧，看起来不起眼，比起咖啡店，更像是间即将废弃的老房子。进入由日本家屋改建的店内，有只可爱的店猫坐在远处用眼神招呼着人们。而登上2F才是吃茶空间，客人们靠在矮桌前席地而坐，古老的气氛就像乡下奶奶家做客般温馨。

店里招牌是十几种口味的自制馒头，圆滚滚的馒头是日式口味，香甜得像点心，搭配饮料可以选咖啡、煎茶、印度茶等，种类相当多。置身独特的咖啡空间内，有些不按牌理出牌的老板，冷静的店猫，还有特别的餐点，处处让人又惊又喜，格外难以忘怀。

曾经一掷千金
如今以另一种形式，飘香百年风华。

致那百年流金岁月
CAFÉ 1894

CAFÉ 1894

交通：地下铁千代田线二重桥前站徒步3分钟，JR、地下铁各线东京站南口徒步5分钟 **地址**：千代田区丸の内2-6-2三菱一号馆美术馆1F **电话**：+81-3-3212-7156 **时间**：11:00~23:00（L.O.22:00），周五11:00至凌晨02:00（23:00以后为酒吧营业）**价格**：苹果派880日元 **网址**：mimt.jp/cafe1894

CAFÉ 1894是三菱一号馆美术馆附设的咖啡馆。室内建筑完全复制原始银行的样貌，木造结构的挑高空间，拼接木天花板、红木圆柱、木造地板，古铜金的色调搭配过去银行的金色柜台窗口，展现上个世纪的典雅品味。雪白的墙面阳光自长窗洒落，桌椅亦是低调的茶色，像老式咖啡馆，却又保持了银行的派头与严谨。

菜单设计在精美的西式料理之外，仍旧保留过往的饮食潮流，香浓的牛肉烩饭，以及烙上1894字样的松饼，美好滋味的背后还蕴含着时代气息。在这里点一块家常苹果派，一杯咖啡消磨午后时光，宛如回到新艺术时期的交际场，让人回味无穷。

老屋新生咖啡店
小熊咖啡

追寻三岛由纪夫的身影
画廊吃茶 ミ口

小熊咖啡（こぐま）

交通：东武伊势崎线（东京スカイツリーライン）、龟户线曳舟站徒步15分钟 地址：墨田区东向岛1-23-14 电话：+81-3-3610-0675 时间：10:30~18:30（L.O.18:00） 休日：周二、周三 价格：红豆馅球（あんみつ玉）500日元，古早味冰激凌汽水（昔クリームソーダ）650日元，点甜点+饮料可以减150日元 网址：www.ko-gu-ma.com

改建自昭和二年的古药局，小熊咖啡室内空间使用大量木质建材，连桌椅也是小学、中学的课桌椅，每个角落都充满怀旧感，仿佛回到过往时光。

爱书的主人特地整理了个书架，藏有800册各类图书，供顾客自由翻阅。不只是三五好友小聚的地方，也很适合一个人来这里发呆、读书、品尝下町的美味。店里的点心很有怀旧风情，红豆馅球用寒天包住自制红豆馅和水果，淋上黑蜜酱汁，洋溢夏季的清凉感。另外还有放了冰激凌的苏打、香烤咖喱等，都是让人怀念的滋味。

画廊吃茶 ミ口

交通：JR总武线、中央线御茶水站徒步1分钟 地址：千代田区神田骏河台2-4-6 电话：+81-3-3291-3088 时间：09:00~19:00，周四、周五09:00~21:00，周六11:00~18:00 休日：周日 价格：咖啡650日元、午餐套餐1100日元

创于昭和三十年（1955年）的画廊吃茶 ミ口，尽管入口并不明显，但作家三岛由纪夫曾是这儿的常客，也因此在文人雅士间颇具名气。过往的名人身影，为这家老咖啡馆留下了传奇色彩。

充满怀旧氛围的建筑空间里，客人们的低语和咖啡香交织出令人安心的氛围。吧台内现煮烘焙咖啡散发热气，把人带向往日时光，三明治和意大利面丰盛而老派，简单的西红柿酱汁，拥有不啰唆的好味道。店内四周的白墙就是小型的展览空间，会不定期更换作品。不妨选幅喜欢的画，坐在一旁静静品味这怀旧的文艺空间。

阅读生活，想象幸福，寻找一片充满希望的角落。

私杂志咖啡
kate coffee

kate coffee

交通：京王井之头线、小田急小田原线下北泽站徒步4分钟　地址：世田谷区北泽2-7-11 コージー下北泽2F　电话：+81-3-5454-5436　时间：10:00~24:00　休日：周一，遇假日则休周二　价格：奶油培根意大利面800日元、咖啡450日元　网址：www.katecoffee.jp1

$k$ate coffee除了提供带有和风的异国料理，如意大利面、印度咖喱饭，也供应有沙拉、肉丸等轻食，每项都精致且口味良好。食物之外，kate coffee还因为店主人之一——有设计背景的Ken Fujieda，开创了与其他咖啡店很不一样的定位；他主导kate coffee发行了店内专属的免费杂志kate paper，每期针对不同主题请专业人士对谈；而不定期推出的可爱明信片或便条纸，同样令人爱不释手。不仅售卖自家商品，kate coffee还代卖手工杂货品牌kick的布包、笔袋，书架上贩卖欧洲古书、绘本。综合这些不同的尝试，kate coffee成功地制造了许多造访此处的理由。

吃在东京 *TOP 6*

★ 面食

日本的乌冬面，日语是うどん，发音"Udon"，在中国被译为乌冬面。乌冬面是日本最具代表性的面条之一，是将盐和水混入面粉中制作成的白色较粗的面条。冬天加入热汤，夏天则放凉食用，凉乌冬面可以蘸被叫做"面佐料汁"的浓料汁食用。

★ 寿司

东京美食中，最不容错过的是寿司。寿司是日本传统食品，既可以作为小吃也可以当正餐。寿司的主料是米饭，主要烹饪工艺是煮。

★ 天妇罗

日式料理中的油炸食品，可以做成造型复杂的拼盘，也可以作为一般日式简餐最常见的配菜。制作时，用面粉、鸡蛋与水和成浆，将新鲜的鱼、虾或时令蔬菜裹上浆，放入油锅炸成金黄色。吃时蘸酱油和萝卜泥调成的汁，薄脆爽口，香而不腻。具体的种类有蔬菜天妇罗、海鲜天妇罗、什锦天妇罗等。

★ 烧肉

对于日本人而言，烧肉有着极大的吸引力。下班后，与同事吃着烧肉，喝着啤酒，一天的工作压力立刻解除了。东京常见的烧肉食材为牛肉、海鲜以及内脏类。烧烤时，不会刷上厚厚的酱汁，而是烤完后，蘸点日式酱油、蒜、葱花或特调的芥末酱，这样吃到食物的原味。

★ 盖饭

来到东京，怎么能不吃一碗热腾腾、香喷喷的日本盖饭呢？日式盖饭一般被称为"材料名+丼"，例如冲出日本走向世界，在中国也大受欢迎的吉野家，就是靠着牛肉丼闻名退迩的。在白米饭上覆盖烹调好的食材，既可以作主食也可作为菜肴。

★ 鳗鱼

在日本，关于鳗鱼，有"即使一天吃4次，仍想再吃"的说法。鳗鱼最美味的时节其实是冬季，尽管如此，日本人在寒冬却提不起兴致去吃鳗鱼，反而到了夏天，鳗鱼才备受宠爱。鳗鱼可炖煮、烧烤，烧烤又分白烧和蒲烧。不蘸酱汁直接炭烤的是白烧，可配芥末酱油吃；将鳗鱼蘸了酱汁再烤，就是蒲烧的做法，颜色较深，口味也较重，通常撒山椒粉一起吃。这种蒲烧鳗鱼，可以做出鳗鱼鸡蛋卷、鳗鱼寿司、鳗鱼盖饭等。